牛津非常短講 015

火
Fire

A VERY SHORT INTRODUCTION

安德魯・史考特——著
Andrew C. Scott
吳宛勳、蘇彥肇——譯　楊仕音、蘇彥肇——審定　林大利——引言
洪廣冀——系列總引言

目　次

系列總引言

來吧，來認識「周遭」：二十一世紀的環境課

洪廣冀｜臺灣大學地理環境資源學系副教授

《二十一世紀的環境課》包含六個主題，同時也是六本小書，分別是《生物地理學》、《入侵物種》、《火》、《都市計劃》、《人口學》與《冷戰》。這是左岸文化編輯室為台灣讀者精心構思的課程，也是繼《二十世紀的主義們》、《二十一世紀的人生難題》後的第三門課。

《二十一世紀的環境課》的六本指定閱讀均出自牛津大學出版社的Very Short Introduction書系。如書系名所示，這些書都非常短，文字洗鍊，由各領域的中堅學者撰寫，如同進入各領域的敲門磚或拱心石（keystone）。

在規劃《二十一世紀的環境課》時，編輯室聘請優秀譯者翻譯，同時也為每本書找了專業審定者，並請他們撰寫導讀。審定者與導讀者都是一時之選；如《生物地理學》是由《通往世界的植物》、《橫斷臺灣》的作者游旨价翻譯與導讀，《入侵物種》則是中山大學的生物學者顏聖紘、《人口學》是政治大學社會學者鄭力軒、《火》為生物多樣性研究所的生物學家林大利、《都市計劃》為成功大學都市計劃學系的黃偉茹、《冷戰》為中研院近史所的陳冠任。在閱讀《二十一世紀的環境課》六本小書時，搭配這些由名家撰寫的導讀，讀者不僅可以很快進入各書主題，更可藉此思考這些主題與台灣的關係。

我是個環境史研究者，一直在臺灣大學地理環境資源學系開設環境史及科技與社會等相關課程。跟編輯幾次交流，並詳讀她規劃的六本指定閱讀後，我深受啟發，也想把這堂課推薦給各位。

什麼是「環境」？

既然這門課叫做「二十一世紀的環境課」，我想我就從「環境」（environment）這個關鍵字開始。

艾蒂安・本森（Etienne S. Benson）是一位環境史家，目前擔任德國馬克斯普朗克科學史研究所的所長。二〇二〇年，他出版《周遭：環境與環境主義的一段歷史》（*Surroundings: A History of Environments and Environmentalisms*）。當中，他拋出一個很有意思的問題：到底什麼是環境（environment）？為什麼人們不乾脆用「自然」（nature）就好？環境，顧名思義，就是周遭（surroundings）的意思；若是如此，人們是在什麼時候意識到的此「周遭」的重要性？環境是透過什麼樣的科學實作（如觀察、測量、監測）而成為一個人們可以與之互動的「東西」？

本森表示，環境史研究者花了很多時間探討環境主義的起源、自然的含義、不同政治與社會制度對於環境的影響，但他們彷彿把「環境」當成不證自明的「背景」。本森認為，在英文的科學文獻中，環境一詞在十九世紀下半葉大量出現；用來指涉生物（organism）得面對與適應的外在限制。以社會達爾文主義（social Darwinism）聞名的社會理論家赫伯特．史賓賽（Hebert Spencer）便是這樣看待環境。本森認為，這是個值得注意的現象。在史賓賽及其同代人之前，人們會使用「環境」這個字，但少有自然哲學家（natural philosophers，類似今日的科學家）會把這個詞當成一回事。對他們而言，環境就是某種可有可無、邊邊角角的存在。

本森認為，即便環境在十九世紀下半葉大量出現在英文科學文獻中，但此現象仍有其「前史」。他指出，關鍵在於十八世紀末至十九世紀初博物學（natural history）的急遽發展，特別是以巴黎自然史博物館為中心的「功能式」（functional）博物學。此博物學的奠基者為居維葉（Georges Cuvier，1769–1832）。拜拿破崙之賜，當時的法國是個不折不扣的帝國，而巴黎自然史博物館是個為帝國服務、清點帝國究竟掌握多少資源的計算中心。居維葉發展出一種新穎的分類法，即從器官（organ）的型態與彼此的關係出發，探討其功能，說明由器官構成的生物（organism）如何地適應環境。本森指出，即是在此氛圍下，環境再也不被視為背景或脈絡，反倒是生物得去試著適應的對象，且此適應也會表現在器官的型態與器官間的關係上。

事實上，本森指出，英文的環境，即environment，本來就是法文。即便當時的法國人傾向使用milieu一詞，但environment一詞就此傳播開來。他也認為，環境一詞歷經熱帶醫學、生態學、生物圈、系統科學等學科的洗禮與洗練，經歷百餘年的演化後，於一九七〇年代被卡森（Rachel Carson，1907–1964）等生態學者援用，於《寂靜的春天》（*Silent Spring*，1962）等暢銷書中賦予更深遠的意義。時至今日，當我們提到環境時，我們不會認為這只是個背景或脈絡，反倒是與生命緊密相連、息息相關的「周遭」。此「周遭」包覆著人與其他的生命；有了此「周遭」的存在，人與其他的生命也彼此相連，形成環環相扣的整體。

六個子題

《二十一世紀的環境課》共有六堂課，每堂課都有一本指定閱讀。透過這六本書，我們可以掌握環境一詞的歷史演變：在面對當代環境議題時，我們也需要具備的概念與實作技巧。

第一門課是《生物地理學》。生物地理學是一門探討生物之空間分布的學問，為理解演化生物學與生態學的鑰匙。人們一度相信，物種之分布呈現造物者的「計畫」；在此視野下，物種與環境如同造物者的棋子與棋盤。生物地理學的興起挑戰這樣的見解。當造物者逐漸隱身的時候，就是環境與物種的「能動性」浮現於歷史舞臺之時。我們將探討當代生物地理學主要取向與研究方法，也會了解當代生態保育的核心概念與手段。

第二門課是《入侵物種》。為何某些物種會被視為「入侵」？在本堂課中，各位將學到，「入侵物種」不是個不證自明的類別，既牽涉到人類之於特定生態系的破壞、眾多政策的非預期後果、商業與貿易網絡的擴張等。要了解什麼是入侵物種，並進而防治它，減低對特定生態系的危害，我們得同時採用生態系經營的視野，輔以人文社會科學的分析與政策工具。「入侵物種」同時也帶出當代環境倫理的思考。到底哪些物種算是「原生」，哪些又是入侵？若遷徙與越界本來就是生命的常態，我們該如何劃下那條分開原生與入侵種的界線？到頭來，這些議題都牽涉到，同樣為生物體的人們，究竟活在什麼樣的環境中，且如何照料與我們同處在同一個環境中的非人物種，反思我們與這些非人的關係。

第三門課為《火》。火是一種能量的形式，是人類得以打造文明的開端，同時也是對人類文明的莫大威脅。火本身乃至於火營造的環境，同時也是眾多生靈得以落地生根的關鍵因素。人乃至於其他生物與火的關係為何？火之於特定生態系的作用為何？人該如何駕馭火，該駕馭到什麼程度？太陽是團火，生命其實也如同火；因人類活動而誘發的氣候變遷，也開始讓地球如同著火般地燥熱。環繞在火而展開的「火成生態學」、「火成多樣性」與氣候變遷生態學，是當代環境管理的新視野。這門課將帶領各位一窺這些新興領域的堂奧。

第四門課為《人口學》。論及環境思潮的發展，十九世紀中葉的「達爾文革命」是個重要的分水嶺。然而，少為人知的是，在提出演化論時，達爾文重要的靈感來源為英國政治經濟學者馬爾薩斯的人口學。馬爾薩斯的見解很簡單：人口是以等比級數增長，糧食則為等差級數，即糧食的稀缺是必然的，人口也必然面臨貧窮與饑荒等危機。二戰後，當環境學者在思考該如何保護環境時，「人口炸彈」同樣為重要的參考對象。換言之，人口學與環境科學可說是一枚銅板的兩面。

這是為什麼我們得多了解一些人口學的核心概念與研究方法。在本堂課中，我們會學到人口轉型理論的梗概、高齡化社會的挑戰、移民、世代公平等議題。人口結構涉及面向之廣，從社會、文化、經濟、科技至氣候變遷，都與人口學息息相關。我們也將學到，人口學處理的不是只有數據，得出的結果也不是只有繪製人口金字塔；如《人口學》一書的結論所示：唯有正視人口結構與地球資源的限度，我們才能規劃與期待更為公義與永續的未來。

第五門課為《都市計劃》。隨著人口增加與工業發展，都市成為人類生活的主要環境。與之同時，都市生態學者也告訴我們，都市也成為眾多野生動物的棲地。在二十一世紀的今日，郊狼不只出沒於沙漠與山區，更活躍於中央公園、芝加哥與洛杉磯等大都市。當代的都市計劃已不能只針對人，還有各式各樣的非人物種。但要如何著手？若都市並非全然「不自然」，反倒是人為與自然交會的複合場域，我們要如何重新思考都市、都市的生活韌性與空間正義等議題？《都市計劃》帶領讀者回溯這個學科的起源與發展，同時也為如此介於自然與人為、集結人與非人的新都市，提供了可能的規劃視野。

第六門課為《冷戰》。我們迎來《二十一世紀的環境課》的最後一課。狹義地說，冷戰係指一九四五年二戰結束後，美國與蘇聯在政治體制、經濟模式、價值觀與意識形態上的深層對抗，這場衝突雖然未全面爆發為熱戰，卻長達近半世紀，深刻地形塑了全球局勢的樣貌與分布。藉由閱讀《冷戰》，我們將學到，冷戰不只是兩大陣營之間的軍事與外交對峙，更是一場全面滲透政治、經濟、文化與科學領域的「地球尺度」之戰。透過氣象衛星、全球監測網絡、糧食技術、人口政策等手段，美國與蘇聯試圖在各地建立其秩序與影響力。環境治理、資源開發、甚至公共衛生與教育制度都成為意識形態較勁的延伸場域。

事實上，正是在冷戰的氛圍中，「環境」一詞被賦予了今日我們熟悉的意義。若沒有冷戰誘發的軍事與太空競賽，我們難以從太空中望著地球，在感嘆這顆藍色星球是多美的同時，焦慮著這個乘客數量急速爆炸的太空船，是如此的岌岌可危。環境研究者也不會有諸如同位素、地理定位系統（geographical positioning system, GPS）等工具，以超越人類感官的精細度，探索超越人類可以理解的龐大環境，並建構當中的運作機制。當代對環境的認識可說是某種「冷戰遺產」；雖說冷戰已經遠颺，但各式各樣新型態的戰爭（如資訊戰）卻彷彿成為人們的新日常。我們需要新的環境見解；回望冷戰與冷戰帶動的社會、經濟、文化與生態變遷，是二十一世紀環境課的結束，同時也是我們掌握下一個世紀的起點。

認識周遭

從《生物地理學》至《冷戰》，《二十一世紀的環境課》的六門課程環環相扣，直指環境是什麼，如何從原本的「背景」、「脈絡」與「周遭」演化為我們現在理解的環境。你或許會說，我本身是學人文社會或自然科學的，到底為什麼需要修這堂「環境課」？對此，容我回到環境這個詞的原意：周遭與包圍。

為什麼我們需要關注環境，環境一詞又如何脫穎而出，成為當代世界的關鍵詞？關鍵或許在於人想要了解自己的渴望。當我們了解周遭的山岳、河川、空氣、森林、動物與植物等，不再是位於某處等著我們去「發現」或「征服」的「自然」，反倒是一床輕薄的棉被，包裹著我們，我們自然而然地想要珍惜它，回味它為身體帶來的觸感，乃至於那種被抱著的親密感。我們也會想問，這個被環境包裹著的你我，究竟是什麼樣的存在。我想起了地理學者喜歡講的一則希臘神話。Chthonia是大地女神，嫁給了宙斯。在迎娶Chthonia時，宙斯將一塊他親自織成的布（pharos）披在她身上。這塊布上繪有陸地與海洋的圖像，而Chthonia也在這過程中逐漸成形，成為孕育陸地與海洋萬物的身體。她從原初的未定形狀，化為大地與生命的來源，最終轉化為蓋婭（Gaia），也就是萬物之母。

地理學者愛這個故事，因為這塊pharos後來有個正式名稱：mappa mundi，即世界地圖。

根本上，這是個發現土地、認識土地的故事，而這個過程需要地圖，同時也產製了更多地圖。期待《二十一世紀的環境課》可以是這樣的地圖。你不是按圖索驥地去發現環境，因為環境就不是躺在某處、等著你去發現的「物」。如同宙斯的pharos，這六冊書讓你想認識的環境有了更清楚的形體，讓你得以在當中徜徉與探索。當你歸來時，你將感到環境離你更近了一些，成為了你的「周遭」。你雀躍著，你想念著一趟趟旅程為你帶來的啟發，開始規劃下一趟旅程。

引言
為什麼討論「火」對台灣很重要？

林大利｜生物多樣性研究所副研究員

撰寫這篇文章的同時，好久沒回去的澳洲又在熊熊燃燒。

近期，澳洲東南部森林大火形勢嚴峻，維多利亞省的格蘭屏國家公園（Grampians National Park）大火自二〇二四年十二月十九日燒毀的土地已超過三萬四千公頃，火線長達一百九十二公里。強風和乾燥植被使三百多名消防員的滅火行動面臨挑戰。主管機關對霍爾斯加普（Halls Gap）等地區發布緊急撤離令，並警告隨著聖誕節的夏季高溫來臨，林火風險加劇。新南威爾斯省內陸和東北部因高溫和大風加速火勢蔓延，主管機關對雪梨地區全面實施禁火令，建議居民避免不必要的旅行。在此危急時刻，主管機關提醒公眾保持警惕，遵循官方建議，確保安全渡過這段火災高風險期。

這場大火，是二〇一九年冬天的澳洲森林大火以來，澳洲規模最大的一次。

當時，我正在昆士蘭大學讀博士班，準備收拾行李回台灣過年。有一天起床，窗外一片霧霾，PM2.5的濃度達到每立方公尺150.8微克。還以為是台灣冬天常見的空氣汙染，突然有股家鄉味。誰也想不到，後續幾個月的全球焦點轉到新冠肺炎疫情上，但火勢不會因病毒而停歇，全球疫情擴散的同時，又有數百萬公頃的澳洲森林被燒毀。

見到世界各地的野火，包括我在內，很難想像山林裡突然燃起熊熊大火，是什麼樣的光景？雖然台灣的高山松林不時會發生森林大火，但是也離我們的日常有好一段距離。直到二〇一九年亞馬遜大火和澳洲大火，讓我強烈感受到，野火離我的生活這麼近。

已知用火？還早

「已知用火」是用來嘲笑他人對新知落伍的用詞，

比喻對方像剛學會用火取暖和熟食的史前人類。不過，我們真的很了解火嗎？可能並非如此。

火是同時發出光和熱的劇烈氧化反應。雖然不是物質，但因為是「看得見的能量」，而增添不少神祕感。因此，火在世界各地的傳統文化和現代生活，都是不可或缺的存在。即便是時下流行的電玩和動漫，火也是難以忽略的屬性。

「已知用火」是人類的重要里程碑，但人類對火的認識還相當不足。例如媒體報導的火災，大部分起因於不難預防的人為疏失。依據內政部消防署統計，室內起火原因最多是「遺留火種」，包括燈燭、菸蒂和蚊香等；其次為「電氣因素」和「爐火烹調」。此外，從火災當下應對和災後檢討，還有許多改進之處。每次消防演練都能學到應對火場和逃生的新知識。光是日常生活與火相處，都還值得學習。

生態環境的野火

火是大自然的一分子，自然狀況下，閃電、高溫和乾材，容易發生各種野火。天然野火在生態學中，是一種自然的干擾。有些松科植物仰賴野火才能傳播種子繁殖，如台灣二葉松。有些地區甚至野火發生頻率太低時，會需要安排專業人士刻意「縱火」，以維持野火的穩定。

然而，近年人類活動直接和間接影響野火發生的地點和頻率，使野火的樣態大幅改變。

二〇一九年八月，亞馬遜森林大火正熊熊燃燒，燒毀大面積的熱帶雨林。在演員李奧納多和脫口秀主持人艾倫的呼籲之下，#AmazonFires和#PrayingfortheAmazon成為當年八月下旬的熱門標籤。雨林大火不僅跨國界的衝擊生態環境和野生動植物，也會加速人畜共通傳染病的散播，對永續農業、生態旅遊產業都有負面影響，也會影響淡水水質。這些都是跨國界、區域性甚至全球性的衝擊，各國不能等閒視之。

二〇一九年底至二〇二〇年初，澳洲東南部也引起森林大火，總面積達九萬七千平方公里 ，將近三個台灣島。規模是加州大火的五十倍、亞馬遜大火的五倍。長達兩千小時的熊熊烈火，衝擊超過十億隻野生動物。

估計共波及八百三十二種物種，其中包含二十一種受脅物種，例如嚴重瀕危的黃紋吸蜜鳥（*Anthocharea phrygia*）。野火對野生動物的衝擊，多數人會想像動物被大火燒死，但其實不盡然。林火對野生動物最主要的衝擊是食物資源和繁殖場域的消失。由於植物被燒毀，植食性動物失去大量食物資源，在樹上或樹洞為巢的動物也受到衝擊，此外，大火也容易使傳染病、病蟲害及外來入侵種擴張，大幅改變生態系運作。這場大火，對澳洲多樣又獨特的野生動物帶來空前危害。

為了避免相關的災情再次發生，政府機關、地主、科學家和決策者熱烈討論澳洲林火的可能原因。不可避免的，各種猜疑、臆測和恐慌，也跟著喧囂塵上。其中一個說法是二〇一九年的南半球夏天非常乾燥炎熱，幾乎沒有下雨。當時的高溫讓許多棲息於公園綠地的狐蝠大量死亡。不僅如此，森林大火現場的濃煙大量累積在空中，容易形成「火積雲」（pyrocumulonimbus cloud）。這種雲層形態濃厚紮實，會降下超大豪雨，甚至形成「火龍捲」（fire tornado）。火積雲也會帶著閃電，進而在乾燥環境引發另一起森林大火，接著再形成新的火積雲。這樣的循環，也是澳洲森林大火延續時間相當長的原因之一。

野火與政治

我們當時和巴西學者在《科學》期刊寫文章呼籲亞馬遜雨林各國盡速展開國際合作，才有機會阻止亞馬遜大火。受到全球大眾高度關注之後，七個亞馬遜雨林國家同簽署「萊蒂西亞協議」（the Leticia Pact），以更有效的合作方式保護亞馬遜雨林。比起單打獨鬥，國際合作更有經濟、政治和環境管理的優勢，也能降低成本。

巴西是境內具有得天獨厚熱帶雨林和生物多樣性的國家。但巴西總統波索納洛（Jair Bolsonaro）凍結了42%的研究和教育預算，導致相關經費捉襟見肘。在環境保護的資源崩解後，地主和企業更容易取得環境開發許可證、獲准使用對環境有害的殺蟲劑，甚至在保護區內開發。不僅如此，許多衝擊環境的法案跟修憲案正在巴西國會討論當中，包括放寬或取消環境開發許可證的發放條件、放寬使用和販售化學農藥的限制、開放獵捕野生動物，以及放寬原住民保留地和保護區境內的水資源開發。波索納洛認為，環境開發許可證不應該成為經濟及基礎建設發展的阻礙。巴西的毀林速度在二〇一二年達到歷史新低（四千五百一十七平方公里），但二〇一七年快速增加到七千九百平方公里。

波索納洛快速推展上述法案，幾乎沒有任何討論，還宣稱要加強開發亞馬遜。同時表明他對氣候變遷的懷疑，暗示有可能想脫離巴黎協定，而且巴西政府也放棄二〇一九年聯合國氣候變遷大會的參與資格。這將會劇烈影響巴西的生物多樣性、生態系服務和傳統文化，同時也會造成經濟損失、危害公共衛生並降低生活品質。

此外，當時中美貿易戰升溫，中國的牛肉需求量大增，使中國轉向南美洲進口牛肉。二〇一七年，中國進口牛肉有一半來自巴西和烏拉圭，大約五十二萬公噸。這些生產黃豆與牛肉的土地，往往是用雨林換來的。再加上巴西各種極端政策，讓開發行為變本加厲。當歐洲國家紛紛抵制巴西政府時，巴西政府也更仰賴中國對牛肉的需求。這是現今亞馬遜大火特別嚴重的潛在重要原因。

大火之後，然後呢？

火與人類和自然的交互作用複雜且密切，從人身安全、公共安全、國安議題到國際政治，星星之火能產生燎原般的影響。再加上變化莫測的氣候變遷，使火的管理和預警，和過往的認知不盡相同。

透過《火》這本精要的科普書，了解火在自然與文化中的角色。書中強調火對於生態系的重要性，以及如何用火促進文明發展。最後討論火在氣候變遷情境下的變化，尤其是火災頻率與人類活動的關係。適合需要從自然與社會複雜議題中抽絲剝繭的讀者，提供對火各方面的深入認識。

火能行舟、亦能焚舟。火能在赤壁之戰三分天下，也能逼織田信長走上絕路。即便議題被燒成混亂的火場，還是要審慎地從餘燼中找出關鍵的蛛絲馬跡。重新認識劇烈產出光和熱的生活必需要素，這樣的追根究柢，是為了更妥善管理我們的生活與生態。火雖然來得又急又快，但事後不該隨意的歸咎責任，然後看似無奈的說你我都推了一把，就草率結案。

第一章

火的元素

「火」是一個充滿感染力的詞彙，具有廣泛的涵義，在口語的表達上尤其如此。在建築物裡，壁爐的火給人溫暖、明亮與舒適的感受，但「失火了！」的驚呼卻意味著一場失控而需要立即撲滅或逃離現場的火災。在公共建築物裡及大眾活動場合，通常都有清楚的逃生路線說明與標示。在植被茂密的地景上，「火」會使人想到營火、烹煮和同伴情誼，但同時也會讓人聯想到危險，因為一旦火勢失控，草木及周邊的村落就會受到威脅。「火」未必是由人類所引起：造成嚴重破壞的野火也可能來自於雷擊或其他自然現象。

因此，火是一種強大的力量，強大到許多人將火的掌控能力視為定義人類的重要因素。自遠古時期以來，火就被認為是地球的主要力量之一。在希臘神話中，火是專屬於神才能使用的力量，直到普羅米修斯把它偷走並賜給人類為止。然而，正如火是可以被控制與馴服的，它也可能同樣不易受控且具破壞力，因此在某些人眼中，普羅米修斯雖然努力追求科學知識，卻也同時帶來意外後果的風險。

火是許多古文明中的基本元素之一。古希臘人將物質世界分為四大元素——氣、土、水、火——其屬性涵蓋的範圍從冷到熱、從濕到乾，因此氣代表濕熱、土代表乾冷、水代表濕冷、火代表乾熱。

長久以來，火一直以許多方式應用在各種儀式中，包含宗教性與非宗教性的活動。當今非宗教性的著名例子就是點燃奧運聖火的儀式。火在世界各地的宗教中具有多種含義，可以代表善、也能代表惡。火與惡的關係在西方傳統中最生動的體現，是懲罰罪人的地獄之火，正如但丁在《地獄》中醒目的描述；然而在許多文化中，火也代表靈魂的淨化與解脫。

我們對火的觀念，不僅受到這種深厚文化連結的形塑，而且還受到縈繞在記憶中的歷史性火災的影響。這些火災包括各別建築物、整個鄉鎮、城市的毀滅，甚或摧毀掉大面積植被的野火。然而，在我們試圖檢視這些重大火災及其帶來的問題之前，首先必須思考火的本質。

什麼是火？

羅伯特・虎克（Robert Hooke）是最早以科學實驗方法研究火的人之一。他在一六六五年出版的不朽巨著《微物圖誌》中描述這些實驗。虎克已能確定移除空氣會導致火焰熄滅。然而，直到一七七〇年代，約瑟夫・普利斯特里（Joseph Priestley，不約而同地還有卡爾・威廉・舍勒〔Carl Wilhelm Scheele〕）發現氧氣本身才是空氣能造成燃燒的相關成分，並由安東萬・拉瓦謝（Antoine Lavoisier）為之命名。許久之後，麥可・法拉第（Michael Faraday）以有趣又平易近人的方式描述了火的特性；《蠟燭的化學史》這部受歡迎的作品以他在皇家學院的六場公開演講為基礎，於一八四九年出版。直到今日，我們仍然能夠透過他的描述與觀察而充分理解（圖1）。

火是一種放熱的化學反應——也就是以光和熱的形

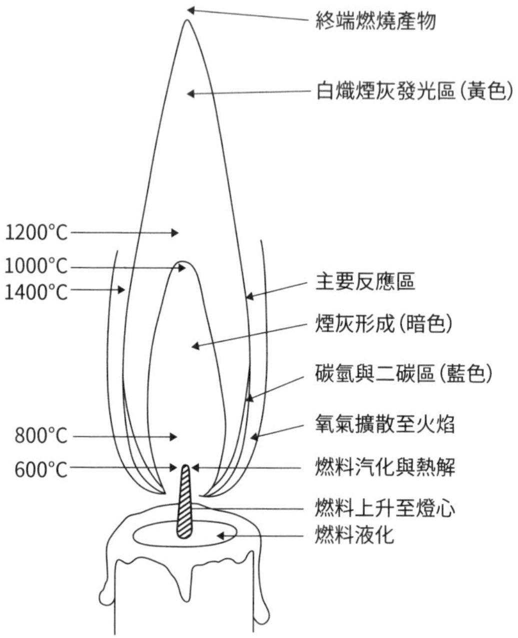

圖1｜燃燒中蠟燭火焰的不同部位與其熱效應。

式產生能量——這是燃料與氧氣迅速結合（燃料被快速氧化）的過程，最後留下一系列的反應產物。燃料通常是以碳為基底的化合物，例如由纖維素和木質素所構成的木材。多數植物細胞壁的70%是由纖維素組成，這種成分可用來造紙，而且不會在室溫下就跟空氣發生反應。但若遇到高溫，它會分解成數種氣體成分，例如一氧化碳和甲烷（CH_4）；其中甲烷會迅速地與氧氣作用，引發一連串的連鎖反應。

甲烷與氧氣反應燃燒後的兩種產物是水蒸氣和二氧化碳。這是最簡單的反應。其他的碳化合物則會產生一系列的活性物質，例如一氧化碳、氨和液態焦油，其中某些成分會彼此結合形成新的化合物，例如煤煙。水蒸氣、一氧化碳和煤煙都是煙霧的組成元素，而煙霧的顏色則取決於其中化合物的組成。

在上述內容中，我們已經討論了固體物質，以及氣體化合物如甲烷；但油類等液體化合物也會透過快速的放熱氧化連鎖反應進行燃燒。我們可以將火的基本原理以「火三角」（fire triangle）的形式概括。

火三角的三項元素缺一不可，才能產生火（圖2）。許多種類的材料都能作為燃料，在自然界中通常是植物性材料。不過，要讓火勢持續和蔓延，燃料的分量必須充足，而且燃料本身必須處於能使反應持續進行的狀態。舉例來說，如果木材等植物性材料太潮濕，那麼初

圖2｜火三角。

始反應時，大部分的熱會用於蒸發掉水分而非燃燒。燃料受到初始熱的衝擊後，會導致包含纖維素（$C_6H_{10}O_5$）和木質素（$C_{31}H_{34}O_{11}$）等木材主要成分的含碳化合物分解成一連串的氣體，如二氧化碳、一氧化碳和甲烷。這些氣體會與空氣中的氧結合而發生放熱反應，並產生熱和光。所產生的熱會進一步導致更多的燃料分解，連鎖反應便得以繼續。

在自然界中，我們往往認為植物才是主要的燃料，尤其是樹木或草；但是暴露在外的泥炭、甚至煤、以及從地底下滲出的石油或天然氣，也都能作為燃料。

在人造環境中，潛在的易燃性材料的種類廣泛得多了。它們不僅包含了大家最容易想像得到的木材，還包含了許多石油衍生物，例如塑膠、油漆和其他油性基底的產品。甚至一些金屬在周圍達到某個溫度時，也可能燃燒起來。

火三角的第二邊是氧氣。我們現今的大氣中含氧量為21%，這個濃度足以讓火燃燒起來。我們從實驗中得知，火勢在氧氣濃度低於15%的情況下便無法延燒；而最近的研究顯示更精確的數字約為17%。這也是為什麼滅火的方法之一就是限制燃燒物的氧氣供給；這些方法在人造環境裡可能包括使用防火毯、沙子、二氧化碳或泡沫把火悶熄。從實驗中我們還了解到，若增加氧氣量則會造成更高溫、更猛烈的火勢。

正因如此，醫院或其他使用氧氣瓶的場所均禁止吸菸。

火三角的第三邊代表熱。在自然環境中，熱的主要來源有三種：石頭滾動產生的火花、火山活動以及最重要的——雷擊。此外，在某些情況下，各種自然過程所導致燃料內的熱量累積也可能引發自燃。自人類演化以來，人為點火也成為熱的來源之一。在全球各地，因閃電或人為引燃的野火比例各自不同。舉例而言，在美國西部，每年有50%至89%的火是由人類活動所引起。而在亞馬遜地區，人類活動因素占比高達99%以上；甚至在英格蘭也是如此。在世界其他地區，例如非洲南部、中國西北部或加拿大北部，則是以閃電造成的野火較為常見。

閃電的形式包含數種型態，而其中以雲對地的閃電為最主要的野火引燃源。當閃電擊中例如樹木等植物時，會爆發出短暫的熱能。此熱能可高達太陽表面溫度的五倍。在大多數的情況下，這短暫爆出的熱能僅足以蒸發掉植物中所含的水分。然而一旦植物燃料足夠乾燥，此熱能就會造成植物中碳化合物的分解，而當其與空氣中的氧氣結合時，就會產生連鎖反應並開始燃燒。因此，植物性材料的水分含量是關鍵。這也是為什麼火災往往只發生在植物材料濕度降低的乾季，以及為什麼水能撲滅火災。

很顯然地，在自然環境中，天氣對於火的形成條件扮演著重要的角色；不過，燃料本身也很重要。有些植物，例如松樹和尤加利樹，因為含有揮發性特別高的天然樹脂和油，所以很容易燃燒。火焰長度為火燒強度（所釋放的熱能）的指標之一，它是從火焰尖端的平均位置量測到火焰底部燃燒區中間的垂直距離。即使在火焰長度通常很短的石楠灌叢，一旦當中有荊豆的存在，火焰長度就會顯著變長，進而助長火勢蔓延（圖3）。荊豆（*Ulex europaeus*）是一種對火具有高度適應力的物種，即使在城鎮邊緣（城鄉交界處）也會導致嚴重的災情。在潮濕環境中茂盛生長的植物較不容易遇到火災，也因此無法演化出因應火災來臨時的對策；反之，在長期乾旱（例如地中海型氣候）地區的植被，由於遭遇火災的機率要高得多，不僅已演化出了應對之道，甚至還能在火災頻繁的環境下茂盛地生長（例如南加州硬葉常綠矮木林〔chaparral brushfields〕）。

長時間的乾燥天氣可能使燃料的乾燥程度達到臨界值。燃料的含水量對火的點燃與蔓延扮演重要的角色，因此它是「火災天氣」的關鍵組成。天氣中的第二個重要因素是風。風的作用方式有二種。它除了能造成火勢延續所需的關鍵因子——氧氣——的快速置換，也能驅動火勢。近期研究指出，森林火災蔓延的前進速率約為

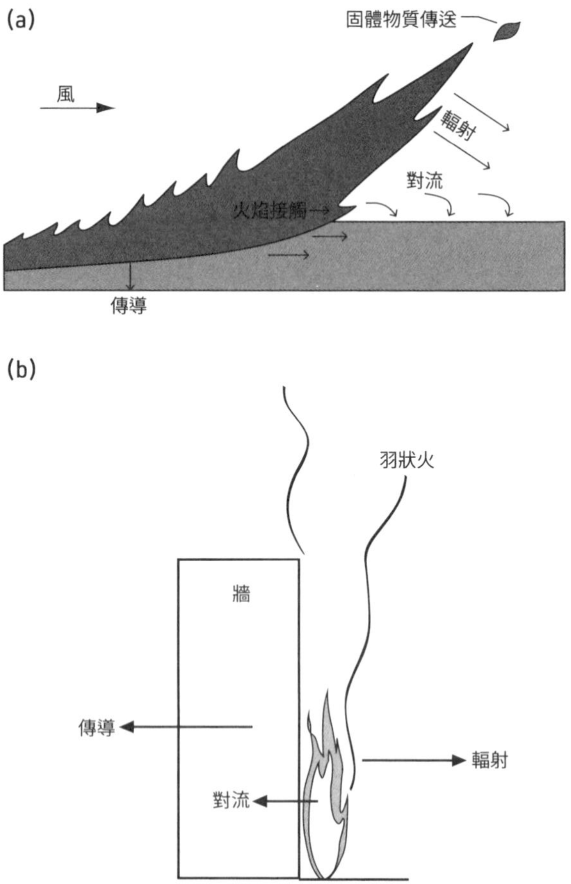

圖3｜熱傳導的不同方法（a）野火（b）室內火。

風速的十分之一。火焰可以移動得非常迅速，**火鋒**（fire front）的移動速度也能快到與一名強健的跑者匹敵，甚至更快一些。此外，燃燒的餘燼會被風吹到火鋒的更前方。這些飛火（spot fires）據報曾出現在主火鋒前方三十三公里以上之處，甚至會造成新的火災，並形成已燃與未燃區域彼此鑲嵌的地景。

火的表現方式還會因地形而異。在山區，山地斜坡會造成上升氣流效應，與相同燃料和氣候條件下的平面地形相比，會形成使火勢蔓延更為迅速的條件。除此之外，燃料的數量和性質在火勢蔓延的方式上也扮演著重要的角色。

火災的類型

我們可以將地景上的燃料分為許多不同的類別。第一種分類為有生命的或無生命的燃料。無生命燃料的水分含量往往比有生命燃料低，而且在溫暖、無雨的天候下乾得比較快。大多數的火災自地表的無生命燃料而起。這些燃料的組成既有活體形式的地表植被（包括草本植物以及草和灌木），也有已死亡的植物枯枝落葉。燃料的數量和緊密度對火的蔓延速度以及形成的火焰規模非常重要。

第二類燃料是那些（多數為活體）生長於樹冠層、遠高於土壤表面的植物。其中，死亡的樹木更易於燃燒。最主要的樹冠燃料來自因遭受蟲害或真菌感染而死亡的樹木，而且其覆蓋面積通常很廣。

上述兩類燃料固然重要，但還有稱為階梯或橋樑燃料的第三類燃料，它們能作為地表和樹冠之間的連結。這些階梯燃料包括下層灌木、小型針葉樹、地衣、垂掛的苔蘚、死去的針葉以及樹枝等，有時還有纏繞住樹幹的藤蔓植物（藤本植物）。

第四類燃料包括土壤表層之中或土壤層以下的物質：它們有時只是一層腐植質，有時則可能是大量泥炭層，會在著火後釀成災難性的後果。

因此，燃料分布位置的不同會導致各種類型的火災（圖4）。閃電擊落造成的火災，多數是從「地表火」（surface fire）開始的。依照燃料的累積和種類，火燒範圍或許只會局限在地表。這樣的火移動速度緩慢，火焰

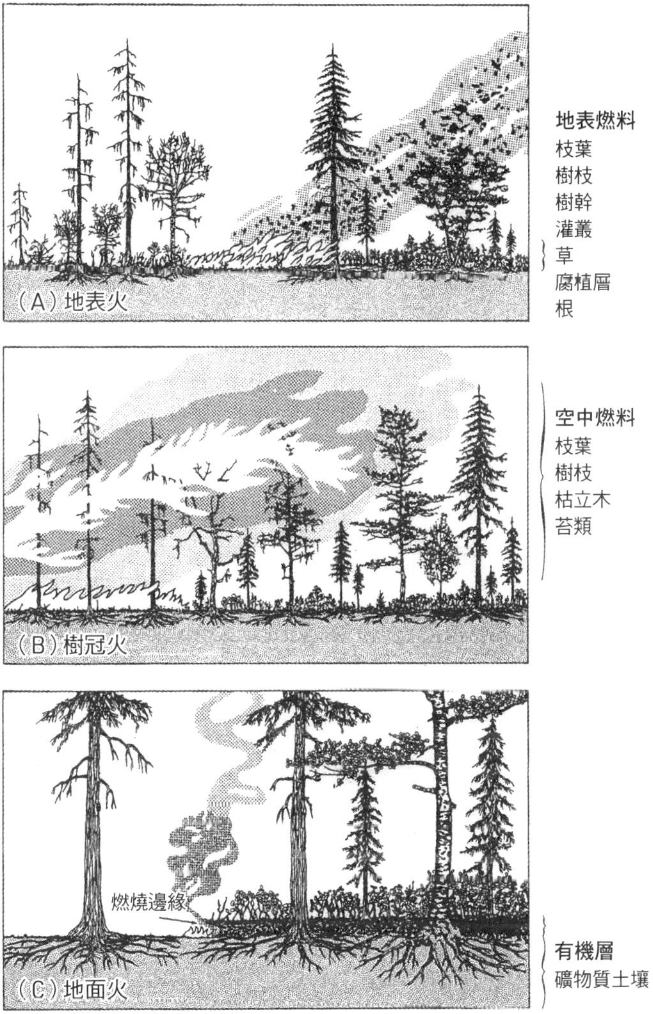

圖4｜燃料與火的種類（A）地表火（B）樹冠火（C）地面火。

長度短且溫度低，有時僅達400°C左右。在許多植被種類型態中，例如草原（稀樹莽原）或石楠灌叢，火燒僅發生在地表。這類火燃燒的規模較小，因此對土壤的影響極低；事實上，大多數木本植物不會被燒死。因此這類地表火過後的暴雨能刺激植物的新生幼苗快速蓬勃地生長，草本植物中的礦物質也再次被新生植物利用。

舉例來說，如果植被的根生長在富含有機質的土壤中，如生長在泥炭上的石楠屬植物，同時又足夠乾燥的話，下層富含有機質的土壤或泥炭就很有可能會開始燃燒。這種情況往往會形成在地面下（而非在地表上）悶燒或延燒的「地面火」（ground fire）。有時，即使在地表火燒完很久之後，這些地面火還持續燃燒，並且難以撲滅。在某些情況下，火燒會往岩層中移動；如果其中有煤炭，它也會被點燃。地底下的煤火會發展成重大的危害，燃燒多年並釋放大量的二氧化碳到大氣中。

如果土壤表面有大量的燃料，無論是累積的無生命燃料或乾燥的活體灌木叢或草本植被，地表火的火勢就會變得更強。如果有樹木存在，火勢會經由階梯燃料沿著樹幹向上蔓延至樹冠。這一帶有大量的細質燃料，而且它們若足夠乾燥又緻密，也會著火燃燒。此種情形尤其常見於松柏類等小葉或針葉的樹種，儘管許多其他樹種也可能發生類似的狀況。一旦樹冠著火，火勢會蔓延穿越林冠而演變成「樹冠火」（crown fire）。這個階段的火勢將變得很強，移動中的火鋒會將前方植被變得更乾燥，使之更容易著火，進而讓火勢繼續向前傳播。樹冠火移動得非常迅速，尤其是當風勢強勁時，而且樹冠火和地表火可能會分開並以不同速度前進。地勢（火勢沿著上坡方向時，因熱氣上升而產生的上升氣流效應會預熱前方的植被，加速蔓延）和風的結合有助於

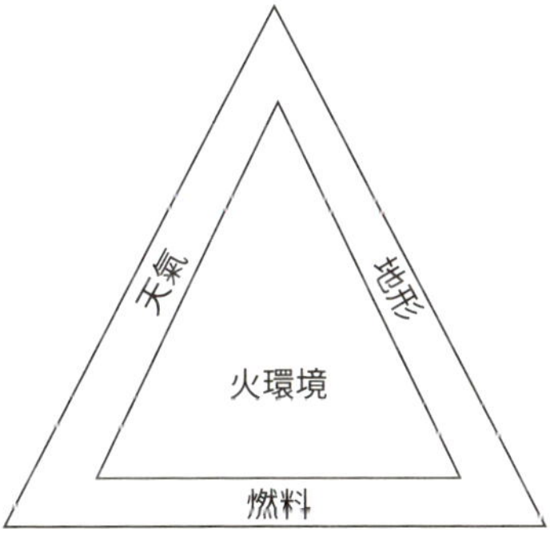

圖5｜火環境三角。

火勢的驅動，將氧氣捲入並且有時會形成所謂的火風暴（fire-storm）。

即使是猛烈的樹冠火，也只會消耗掉少部分的可用總燃料。遺留下來大片死去的植被可能在不久之後又會引發下一場火災。上述這些面向可以用所謂火環境三角（fire environment triangle）的圖示來歸納（圖5）。

改變世界的火災

大多數人所熟知的火災未必是自身經歷的，而是在不同的因緣際會下引起我們的關注〔表1a和1b〕。我們第一次接觸到的重大火災很可能只是年輕時候讀到的一段歷史。古代的特洛伊城被燒毀的傳說就是一個很好的例子，希臘設計的特洛伊木馬，讓他們得以進入特洛伊城並把該城夷為平地。這是有意將火應用在戰爭，而這種例子充斥在歷史中。燃燒裝置在現代戰爭中仍持續扮演一定角色，二十世紀的例子是第二次世界大戰中，德國德勒斯登遭英美聯軍空襲引發了一場大火。其他歷史上著名的例子則多數起因於意外。賽繆爾・佩皮斯在日記中記錄了一六六六年的倫敦大火，它的起火點被認為是一間麵包店，最後卻導致了倫敦市的重建；為重建工作做出重要貢獻的人包括克里斯多福・雷恩爵士（Sir Christopher Wren）和羅伯特・虎克。其他還有日本一七八八年的天明大火[1]、一八一二年的莫斯科、一八七一年的芝加哥和一九〇六年的舊金山等城市，也都遭到火災的蹂躪。以上每一場悲劇都推動了城市與建築設計上的改良，以及都市環境內防火措施與滅火系統的發展。隨著消防安全的改善，人們也記取了一些教訓，因此大幅地減低了毀滅性意外大火的發生。

單一甚或多個建築物的火災，即使是偶然的意外，也能促使人們重新評估城市或人造環境中火災的預防與撲滅。最近的例子發生在二〇一七年倫敦格蘭菲塔火災（Grenfell Tower Block Fire）的悲劇，其高樓建築的外牆包層問題是造成火勢竄燒的主要因素，最終導致七十二人死亡。

1　編按：1788年為日本的天明八年，該年京都大火，燒毀御所、二條城和京都八成街市。

表1（a）｜主要地景火

日期	地點	地景火	大小（公頃）	死亡人數
1910	美國	本年廣泛分布全美的火災	1,200,000	87
1939	澳洲	黑色星期五灌木大火	2,000,000	71
1982/3	印尼	加里曼丹（婆羅洲）廣大區域燃燒	550,000	
1988	美國	黃石公園大火，蒙大拿州	321,270	
2002	美國	海曼大火，科羅拉多州	56,750	5
2003	葡萄牙	摧毀10%葡萄牙森林	215,000	
2005	西班牙	瓜達拉哈拉大火	13,000	11
2009	澳洲	黑色星期六大火	1,100,000	180
2010	俄羅斯	西伯利亞火災	300,000	N/A
2011	美國	拉斯康薩斯大火	63250	
2011	英格蘭	斯溫利森林大火	90	
2013	美國	環火，北加州	102,520	
2013	美國	亞奈爾山火，亞利桑那州鳳凰城	530	19
2016	加拿大	麥克默里堡大火，加拿大亞伯達省	593,670	
2017	加拿大	英屬哥倫比亞省大火	1,354,284	
2017	葡萄牙	六月及十月火災（7,580場火災）	54,000	111
2017	智利	2,977場遍布智利的火災	505,850	
2017	美國	托馬斯山大火，加州	114,078	
2018	希臘	阿提卡火災		102
2018	英格蘭	薩德沃斯沼澤大火，英格蘭	720	

2018	加拿大	英屬哥倫比亞省	1,298,450	
2018	美國	加州火災，包含坎普大火	60,000	85
2009	紐西蘭	尼爾森大火，紐西蘭南島	2,300	
2019–20	澳洲	遍布澳洲的火災，特別是東部區域	18,600,000	34

* 一公頃等於0.01平方公里，6萬公頃等於600平方公里

就像在都市環境中一樣，荒野地區的大火也會改變人們對火災的觀念和行為，有時還會產生意想不到的結果。由於大多數的林野火災發生在遠離人口中心的地方，可能並未引起公眾的關注。但此類大火事件曾廣泛發生在一九一〇年的美國西部，並引起輿論強烈要求採取相應的解決措施。於是一場以「煙燻小熊」（Smokey Bear）為標誌的大規模滅火運動在一九四〇年代展開。誠如美國郵票上所描繪，即使在不久之前，森林大火仍被視為悲劇事件。然而，火災的複雜性在當時還不為人知，在某些之前經常發生地表火而且地表燃料負荷（fuel loads）維持在低量的地區，滅火反而會導致燃料堆積，因此當火災最終還是發生時，會迅速地演變成猛烈的地表火，而釀成破壞性更強的大型樹冠火。

表1（b）｜主要城市與建築火

日期	地點	說明	死亡人數
西元前586	耶路撒冷	第一聖殿被毀	
西元前48	亞歷山卓	圖書館火災	
64	羅馬	尼祿皇帝引發之大火摧毀大部分羅馬	
1577	威尼斯	總督宮火災	
1666	英格蘭	麵包店引起遍布倫敦的大火	
1760	美國波士頓	波士頓大火	
1788	日本	天明大火	150
1812	俄羅斯	莫斯科大火	
1871	美國	芝加哥大火	250
1881	奧地利	維也納環形劇院火災	384
1899	美國	曼哈頓溫莎旅館火災	45
1906	美國	舊金山大火	
1923	日本	東京大火	100,000
1938	中國	長沙火災	3,000
1945	德國	德勒斯登火災爆炸	30,000
1987	英格蘭	倫敦國王十字站地鐵火災	31
1988	美國	洛杉磯第一州際大樓火災	1
1992	英格蘭	溫莎堡火災	
2001	美國	紐約世貿中心911恐怖攻擊	2,600

2005	英格蘭	邦斯菲爾德油庫火災	
2010	中國	上海公寓火災	53
2012	巴基斯坦	喀拉嗤製衣場火災	312
2015	阿聯酋	杜拜火炬塔火災	
2017	英格蘭	倫敦格蘭菲塔火災	72
2019	法國	巴黎聖母院	

一九八二／三年在婆羅洲島所發生的大火引起了公眾的關注；此事件被世界自然基金會點名，但也因此使我們對林野火災問題如何受人類活動影響有更多的了解。這些地區有廣闊的泥炭地，上面生長著熱帶雨林。雨林區的樹木一直是伐木者的主要收入來源，因此泥炭地的水分經常被排乾以利伐木。由此形成的乾燥燃料會引起大規模又具破壞性的火災，其所產生的大量煙霧不僅對人體健康有害，泥炭的燃燒也會釋放大量的二氧化碳到大氣中。近年來，人類為了種植油棕櫚而排乾泥炭地的水分，使得問題日益加劇，再度導致危害嚴重的大火。

此外，其他領域也有關鍵的轉捩點或發現。一個與野火相關的啟示發生於一九八八年，美國懷俄明州與蒙大拿州的大黃石地區發生大火，超過四十場不同的火災燒毀了大片地區，以至於黃石國家公園必須關閉。

這些火災成了全球的頭條新聞。雖然其中有些是人為因素造成，但實際上大多數是由雷擊所引發的。有人認為火災規模變大應歸因於長期一味排除火災的後果。儘管這些關於火災的討論促使了美國重新評估其滅火和策略燒除（prescribed burning）政策，但這其實是個更為複雜的問題。現在我們認為，不同種類的植被會有不同的「火災範式」（fire regime），因此若對野火實施「一體適用」的政策其實並不恰當。一九八八年黃石公園大火還確認了另外的災後結果：在火災及大暴雨後的火災後侵蝕（post-fire erosion）與沉澱的規模。

二〇〇二年發生在科羅拉多州丹佛附近的「海曼大火」（Hayman Fire），為針對火災期間和火災過後較為全面的研究提供了很好的機會。衛星圖像有效地運用於火災的追蹤以及幫助火災後復原的評估。

在美國以外的地區，二〇〇九年發生在澳洲維多利亞州的「黑色星期六大火」也衍生重要的後果。高達一百七十三人的死亡數字是該國歷史上承平時期的最大災難。政客們最初的反應只是譴責肇事者；當時也極少有針對乾旱、易燃植被的性質，及人類社區建造在易燃地景上的檢討。不過，皇家委員會還是根據對現場相關人員及消防專家的採訪，提出了一份高層報告。這進而引發了房屋究竟是否應該建造在易燃地景上的相關討論，以及如果真的這麼做，該如何使我們的家園和人口中心能對火災的發生更具有韌性。

二〇一六年加拿大亞伯達省的「麥克莫里堡大火」（Fort McMurray Fire）成為全球頭條新聞，不僅因為它的規模，還因為其火勢蔓延到整個社區的速度之快，威脅到民眾的逃生路線；幸運的是，這場大火沒有造成任何人喪生。有鑑於我們對這類針葉林燃燒頻率的了解，我們還能夠多做些什麼？

另一個警醒世人的重大案例是二〇一七年六月和十月發生在葡萄牙的大火，它橫掃了桉樹（俗稱尤加利樹）和松樹林區，一百一十一人喪命。葡萄牙國土中有很大一部分面積存在著遭受野火的風險。第二次世界大戰後，人們開始大規模地栽種桉樹林，但直到多年後才意識到此舉所帶來的危機。由於桉樹林屬於高易燃性的燃料複合體，因此，如果沒有計畫性地定期燃燒以降低燃料負荷，一旦讓野火有機可乘，將會演變成一場大災難。

最後一個要舉的例子是發生在二〇一七／八年加州聖塔莫尼卡一帶的火災，被稱為「斯克波爾火災」（Skirball Fire）。這場火災在二〇一七年十二月從洛杉磯一路延燒到聖塔芭芭拉，其中包括了文圖拉和聖塔芭芭拉之間的「托馬斯山大火」（Thomas Fire）。然而，唯有斯克波爾大火引起媒體高度的關注，因為它造成了洛杉磯以北的道路關閉，並燒毀了許多名人的住宅。在火災過後的二〇一八年一月，被燒毀的地區發生了幾場大暴雨，進而造成嚴重的火災後侵蝕和泥石流。由於某位名人被拍攝到在自家花園裡艱辛地涉過泥濘，使得火災後侵蝕首次進入公眾的視野。

儘管大火會導致災難，但也富有教育意義，推動相關研究，改變大眾的態度，並有助於制定新的火災政策。

滅火的後果

在城市環境中，滅火的必要性是毫無疑問的。然而，在林野環境中，人們不僅對於滅火的時機存有爭議，就連對滅火的方法也意見分歧。

林野火災發生時，滅火顯然是必要的。這或許是因為有美國的煙燻小熊等運動的成功案例，以及許多其他國家已建立類似的防火成果。很顯然地，電視上野火張狂的畫面會使人心生恐懼，並湧出一股想要撲滅它的衝動，尤其是當有家園和人民受到威脅時，但即使不是如此，那股衝動仍不會消失。我們現在知道，試圖立即撲滅每一場火災並非解決之道，反倒是對於滅火時機和地點的探討才是重點。

過去五十年來人類撲滅野火的能力有長足的進步。目前三大主要滅火方法為：移除燃燒區前方的燃料、降低燃燒中燃料的溫度、將火悶熄以隔絕氧氣（例如於沼地野火使用滅火拍）。當火災發生時，我們會很自然地想到利用消防車取水滅火，但由於水的補充不易，撲滅野火用的消防車與都市環境中常用的消防車截然不同。在偏遠地區，水的搬運或投下需要靠空中運輸工具，例如使用直升機從湖泊、水庫甚或海洋汲水，或使用大型飛機以遠距離取水後運載並投下至指定地點（而非起火處本身）或蔓延中的火鋒前方。這種技術用在撲滅與主火鋒相隔一段距離的餘燼（所謂的飛火）所引起的小型火災上格外有效，但也僅限於在火勢強度不高或移動速度不快的情形下。水也可以代替成有助於滅火和防止復燃的添加物來處理。

防止火勢蔓延的一個關鍵方法，同時也是對付地表火災特別有效的方法，即是清除燃料以劃出一道防火線。這對大型消防隊來說可能是非常累人的工作，但卻是保護財產最有效的方法。充分理解火的表現方式對消防滅火來說極為重要，其中不僅要考慮火災推進的速度，還要考慮任何植被、地形、風速或風向等變化所造成的影響。即使是最有經驗的消防員，也可能因影響火勢蔓延的因素過多而犯錯，例如二〇一三年在美國亞利桑那州鳳凰城附近的「亞奈爾山火」（Yarnell Hill Fire），有十九名普雷斯科特市（City of Prescott）的消防員便因此喪生。

「以火攻火」是一種眾所皆知的說法，但在滅火的情境下並非總是容易理解。我們已經看到燃料的減少能降低猛烈野火的影響，使地表火可以輕鬆地被撲滅而不致於發展成樹冠火。地表火可以被點燃和控制：其一是在移動快速的火鋒之後製造回火（back fire），所以一旦風向改變火就會熄滅；其二是在火鋒之前，燃料的減少能更加輕易地滅火。

儘管人類盡力嘗試以上種種方法，但到頭來天氣的變化才是大火的終極滅火器。

林野－城市交界處的火災

林野－城市交界處或WUI（Wildland-urban interface，WUI發音為「woo-ee」）是一個相對新穎的術語，但隨著有愈來愈多的人口中心入侵容易發生野火的荒野地區，這個詞彙變得愈來愈普及。（在某些國家，例如英國，鄉村－城市交界這個詞或許比較恰當，但我們二者都考慮進去了。）這是一個在地理位置上很重要的邊界或區域，但它同時也劃分了相當不同的火災處理方式。在城鎮或城市之外，火災的發生是常態，不僅這些地區的居民習以為常，甚至還會應用於土地改造或農業。然而，在城市環境裡，火災一旦發生就必須被控制，因為失控的火勢會讓建築物和民眾都陷入危險之中。此交界處可能因此造成兩個世界——有火的世界和沒有火的世界——的問題。而人類正不斷地從城市中心往林野環境遷移，其中不乏非常容易發生火災的地區。如本書以下將會介紹的，這樣的遷徙模式引發了迫切的議題：如何在易燃環境下保護人類的居住區，包括了解火災在各種氣候範式下隨著地形和植被種類變化而產生不同表現。但早在有人類集居或人類演化之前，火就是一種改變地球的力量。

第二章

火的深歷史

火災事件的鑑別

要了解植被火災系統（fire system）的各種特徵，必須藉助於對火災歷史的認識。我們可以依據不同的時間尺度來檢視火災歷史，從人類一生的長度到長達數百萬年之久的地質尺度。然而，每一種尺度所需採用的資料收集方式各有不同。我們需要足夠的歷史資料來建立火災範式的特徵，舉例而言，瞭解**火災返回間隔**（fire return intervals, FRI，火災在某一個特定區域內且通常在單一植被種類內重複發生的時間間隔）有助於進一步擬訂當前的野火相關政策。如今我們享有許多已經記錄好的資訊，這些資訊同時來自個人或組織，甚至包括衛星資訊。雖然這讓我們對火災具備較為全球化的視野，但仍需針對火災隨時間所表現的不同特徵，建立更佳的視角，特別是針對評估人類對自然火災系統的影響，並且掌握氣候變遷對野火的影響。除了近代歷史的文字或口述記載之外，我們還能擷取原本就儲存在自然界中的火災相關資料。

其中一種方式是利用樹木的年輪。我們可以從年輪推算一棵樹的年齡，同時還能獲得相當大量的氣候資料。此外，年輪也能告訴我們過去發生的火災。如我們所知，地表火常見於許多森林地區，並能通過樹林而不殺死樹木；不過，樹木仍會有部分被燒焦或燒掉，在日後會癒合並形成**火疤**（fire scar）。樹木倒下後，我們不僅能從中確定過去曾經發生過火災，還能確定火災發生的年分。如果一棵樹木有歷史悠久的年輪，它可能經歷過很多次火災，而且火疤的模式就顯示了火災發生頻率——火災返回間隔——的資訊。

若有機會研究大面積範圍的樹木，便可取得關於過去某一場特定火災規模的資料。而當我們可從整個地區的樹木取得火災資料，便能將它們與氣候資訊結合，並能解釋火災頻率是如何受到氣候變遷的影響，以及看出「聖嬰現象」與「反聖嬰現象」引起的重大波動所帶來的影響。聖嬰現象與反聖嬰現象分別為大氣與海洋的大規模耦合週期（稱為聖嬰南方振盪）之暖期與冷期。在聖嬰期，西太平洋的部分地區會變得特別乾燥。在某些地方，例如北加州的巨杉國家公園，已經能利用樹木年輪回溯將近三千年前的火災紀錄。

樹木年輪／火疤資料的取得只局限在可對樹木進行採樣的森林環境中。火在燃燒時會排放煙霧到大氣中；煙霧的組成不僅含水蒸氣，還包含了如多環芳香烴（polycyclic aromatic hydrocarbons，簡稱PAHs）等複雜的化學物質，如二氧化碳、一氧化二氮、氨氣等氣體，以煙煤形式存在的重組有機碳，以及小型燒焦顆粒（木炭〔Box 1〕）。過去科學家常以煙煤、多環芳香烴和氨等化合物來解釋火災事件，但事實證明它們是有爭議的，尤其不適用於解釋火災的規模。因此，當代的專家更常用小型木炭碎片（small charcoal fragments，稱為微型和中型木炭〔micro- and mesocharcoal〕）來解釋發生在過去數百萬年左右的火災（圖6）。

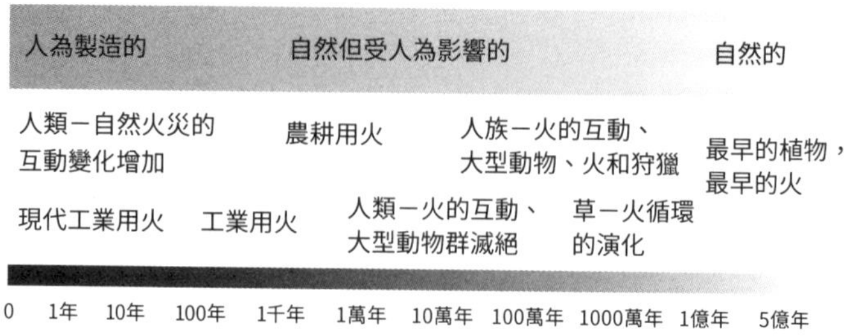

圖6｜在時間軸上的火的類型。

對於解釋過去七萬年的火災，這些研究被證明是最有效的，因為岩石序列可以很容易進行碳定年，而且還能進一步分析火災返回間隔和氣候變遷的資料。木炭（通常小於一毫米，且經常以大於和小於一百微米的兩種類別計算）很容易沉澱在湖泊和泥炭沉積物中；在那裡，它們會經歷漫長的沉積歲月，而形成的沉積層序的年代輪廓也較容易取得。研究人員被鼓勵將他們獲取的資料匯集成一個全球的木炭資料庫，以供區域性和全球性的火災模式研究使用。

從許多不同科學團隊所收集到的資料需要先經過標準化處理，便能計算木炭通量資料，並利用與背景標準值的偏離來指認重大火災事件。這種紀錄在過去的兩千年變得更為普遍，儘管並非所有的變化都是透過這種方法搜集到的，但它確實成為用來解釋火災範式與氣候變遷及與人類活動這兩者之間關聯的有力工具。

第四紀與全新世（第四紀的最後二百五十萬年）時期木炭紀錄的取得和解釋方式與更早期的地質年代相當不同。小型木炭顆粒黑色以及經常呈板條狀的外形，在觀察載有來自岩石的有機殘留物——含遠古時期的花粉與孢子——的玻片時，很容易被識別出來；這些玻片稱為孢粉玻片，傳統上用來鑑定植被及其在岩石紀錄中的變化。這些資料不僅用於解釋火災的發生，並且促成了建立全球木炭資料庫的構想。然而，這個方法雖然適用於近代的沉積物，卻很難解釋較遠古的紀錄。第一個面臨的難題與孢粉玻片上小型木炭顆粒的識別難度有關。當有機物質被掩埋後，有機顆粒會因掩埋過程中所經歷的增溫（向下鑽透沉積層時會變得更熱）而從黃色變成褐色再轉為黑色——此過程稱為熟成或煤化作用。這意味著要從深色的煤化顆粒中分辨出黑色木炭顆粒的難度提高；雖然也可藉助酸的氧化作用先將煤化顆粒從黑色

BOX 1

木炭的形成

木材燃燒時，會有明顯的燃燒、炭化和熱解（亦即在無氧狀態下加熱，這會導致熱變質和熱分解）的區域（圖7）。這點很重要，因為這表示任何樹枝或樹幹，甚至任何一塊木頭，都會以類似的方式燃燒。如果我們觀察一塊沒有被完全燃燒的木頭，就能發現這點。我們已經了解到這個過程是如何需要一個高溫脈衝來啟動（雖然在罕見的自燃情況下，溫度是緩步上升的）。在 20 °C 到 110 °C 的溫度下，木材會在乾燥過程吸收熱量，並釋放出濕潤的蒸氣（水蒸汽）。溫度會保持在 100 °C 或略高於 100 °C，直到木材乾透。在 100 °C 到 270°C 時，最後的少量水分會釋放出來，木材會開始分解，並釋放出一些一氧化碳、二氧化碳、乙酸和甲醇。熱量持續被吸收。到了 270 至 290°C 時，木材的放熱分解反應開始啟動。此時會產生熱量，而且只要木材沒有降溫到低於此分解溫度，就會持續發生自發性的分解。混雜的氣體和蒸氣繼續釋放，其中還包含了一些焦油。這些焦油有一部分可能會進一步地向下移／流動到木炭結構中並沉澱。因此考古學家經常會發現的玻璃碳的形成，也已被證明並非很高溫度的結果，而是起因於木炭殘渣中化合物的沉澱。在 290 °C 至 400 °C 時，隨著木材結構的持續分解，所釋放出的蒸氣包括了可燃氣體一氧化碳、氫氣和甲烷，還有二氧化碳氣體和凝結性蒸氣：水、乙酸、甲醇、丙酮等，以及隨著溫度升高而開始成為最大占比的焦油。當溫度到達 400 °C 時，木材轉化成為木炭的過程差不多已經完成。

在這個溫度下的木炭中仍然存在含量可觀的焦油，以重量計有大約30%的量仍被困在木炭結構中。這種「輕度燒焦的木炭」需要繼續加熱才能除去更多的焦油，並將木炭的固定碳含量提高到75%左右。為了將這些焦油去除，木炭需要被進一步加熱以使之升溫到500°C左右，從而完成碳化階段。

雖然以上描述的是木質性的炭形成，但許多植物組織也都是依循類似的碳化模式。在這個過程中，儘管細胞壁改變了，但植物的解剖結構依然得到保留（圖 7）。不過這個過程造成質量的損失，因此植物的重量會下降。

此外，各種植物器官還可能縮小。植物組織的碳含量增加，而細胞壁內的碳域變得整齊有序。這樣的結果是使植物組織更有抗腐朽力。這個特徵就是生產生物炭作為二氧化碳固定機制背後的基本原理。在這個熱解過程中所剩餘的固體材料便是為人所知的木炭，而如果燃燒過程不停止，它本身就可能會被消耗掉。

或褐色變回黃色。其次，絕對定年在超過七萬年的岩石會變得更加困難，因為超過這個年代，同位素碳定年並不可行，而且使用其它方法也無法精確地獲得年分、年代、世紀，甚或千年的準確性。

另一種解釋過往火災的方法是檢視從沉積物或岩石樣本中提取出來的大型木炭（大於一百八十微米但通常超過一毫米長）。岩石中的木炭碎片可達立方公分的尺

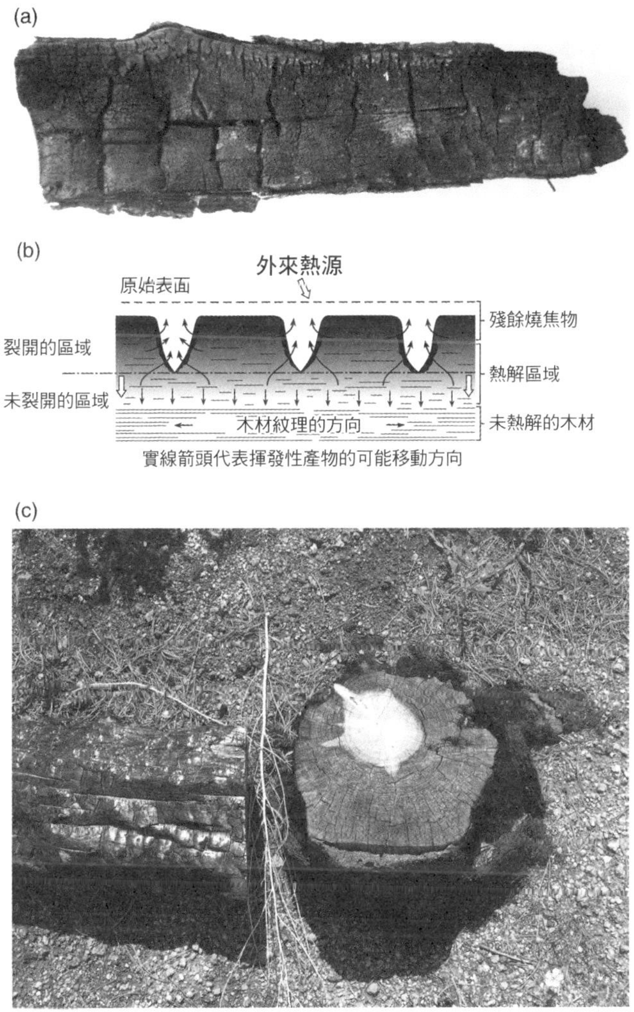

圖7｜木炭是如何形成的。(a) 開裂的燒焦原木；(b) 炭化木材剖面，顯示炭化區域和揮發物的移動；(c) 野火過後砍伐的樹木，顯示僅外部區域被燒焦。

寸甚或更大。這些碎片主要埋在火災現場附近（例如泥炭中），或被帶往（通常載體是水）河流、湖泊或海洋等沉積地點。出人意料地，木炭沉降速率與水體運輸的相關實驗顯示，較大的木炭顆粒能傳播的距離比較小的木炭顆粒來得更遠，因為它們需要較長的時間才會在水體中下沉。

研究較大的木炭碎片具備一個顯著的好處（圖8）：木炭碎片能保存被燃燒植物的解剖細節，因此它不僅能證明曾經有火災的發生，還能提供被燃燒植被種類的線索。

令人驚訝的是，近代針對大型木炭組合與微型木炭的關聯性研究相當缺乏。然而，大型木炭資料才是真正人類開啟火災深時（deep time）歷史的鑰匙，儘管解釋火災頻率可能要困難得多。如果要利用木炭來解釋古老岩石序列中的火災歷史，先決條件是要能從岩石中辨識出這類碎片。到目前為止，關於前第四紀木炭之詳細研究僅局限在少數的地區與年代；而我們對遠古火災系統的了解則是相當晚近——大約是過去四十年來——才發展起來的。

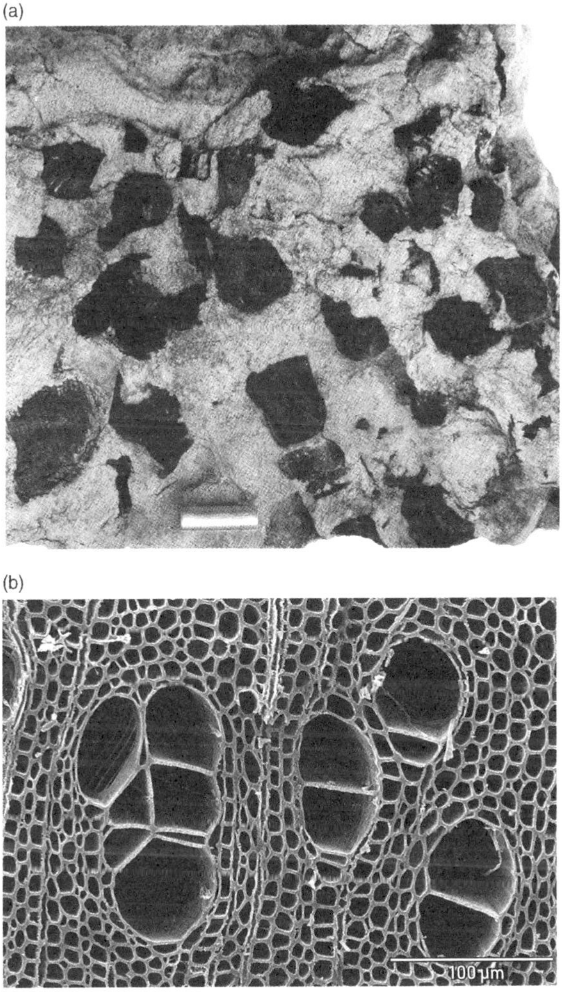

圖8｜現代木炭和化石木炭。光學式和掃描式電子顯微鏡（SEM）影像。（a）約克郡侏羅紀岩石的化石木炭（比例尺為1公分）；（b）山毛櫸木炭的SEM影像（比例尺為1微米）。

火與植物的演化

不言可喻的是，野火的歷史與陸上植物的演化有著密不可分的關聯。植物提供了燃燒用的燃料，但從植物首次出現在陸地以來，這種燃料的性質與數量也在地質歷史的進程中發生了變化。

最早的陸生植物是在大約四億五千萬到四億兩千萬年前演化來的，大約在地質年代表的志留紀時期。然而，雖然零星的藻類、苔類、蘚類已存在一段很長的時間，但是一般我們認為地景的綠化是起源於維管束陸生植物（即具有特殊組織以運輸水分及光合作用產物的植物）的演化。這些植物擁有許多能使其在陸地上生存的特徵，例如具有水分／氣體交換孔（氣孔）的角質保護層。這些綠色植物從大氣中吸收二氧化碳、從土壤中吸收水分，並藉光合作用的化學過程，利用太陽的能量將水和二氧化碳轉變為醣類等碳水化合物分子及其他化學物質，以提供植物建構其有機骨架。以上過程所產生的氧氣會以副產物的形式釋放到大氣中。光合作用可以概括為下列化學方程式：

$$6CO_2 + 6H_2O + \text{太陽能} \rightarrow CH_{12}O_2 + 6O_2$$

（六個二氧化碳分子加六個水分子在太陽能的作用下產生一個醣分子和六個氧分子）

後續我們將看到，這個方程式在討論火時具備重大的意義。

這些早期維管束陸生植物的第二個特徵是：它們生成了由數種類型的細胞所組成的維管束組織，例如輸送水分的木質部以及輸送植物所需養分的韌皮部；其中木質部內的管胞是由纖維素中充滿了可強化結構的木質素（lignin）而成。

第三，這些植物發展出一種產生「孢子」的繁殖策略。這些孢子從植物體（稱為孢子體）脫離並散落到潮濕的土壤表面。在此，它們成長為主要在地下的小型配子體，並發育成雄性和雌性器官。雄性配子體製造的精子在潮濕的土壤中游動，抵達雌性配子體後使其受精，於是產生新一代的植物——孢子體。直至今日，在蕨類植物中仍可觀察到這種繁殖方式。

在志留紀晚期（大約四．二億年前），最早的植物包含一種稱作庫氏裸蕨（*Cooksonia*）的小型植物。當然，因為最早的陸生植物大多只有數公分高，他們並不足以作為大型野火所需的燃料。但是目前能夠提供最早的火燒炭化的植物證據卻來自於這個時期。可想見的是，這類火燃燒的規模和範圍應該很小。此外，這些早期植物的棲地局限於臨水區域且分布零散。

後續的地質年代——泥盆紀（大約四・一九至三・五八億年前）——植物演化出許多有利於散播到新環境的新策略，並且因此增加潛在燃料負荷。植物演化出一系列有助於其散播的生長習性，其中之一是被稱為無性生殖（植物從單一個體進行無性繁殖）的繁衍機制。在這類情況中，植物在地底下的部分是相連的。然而，由於所有的早期陸生植物都受限於它們的生長方式——它們只能從生長頂點（分生組織〔meristem〕）進行初級生長——因此難以長高。泥盆紀時期有些植物發展出了次級生長的方式來克服生長高度的問題：新細胞的生成不僅限於生長頂點，也會發生在莖的周圍，即在木質部與韌皮部之間的一層，稱為形成層。形成層的細胞會產生次級木質部和次級韌皮部的細胞。這些次級木質部細胞

（木材）的化學組成約為70%的纖維素和30%的木質素，因而明顯地提高了結構的強度。植物增加周長的能力使它更能向上生長並發展出木本的（或俗稱樹木的）習性；這能讓植物活得更久，也增加了潛在的燃料負荷。

然而，植物長高後也會衍生出其他效應，尤其是需要增加光合作用活動。在泥盆紀期間所演化出來的另一種構造——葉子——解決了這個問題。對某些植物的生長策略而言，利用葉子不僅可增加捕獲陽光的面積以進行光合作用，同時也能在土壤表面造成蔽蔭，這進一步促成了植物的多樣化，使它們適應不斷增加的棲地範圍。

這些早期的植物，即便是樹木，仍是藉由孢子繁殖，因此都需要現成的水源。直到大約三・七億年前的泥盆紀晚期，植物演化出「種子」的習性後，它們才終於能往更乾燥的棲地傳播。

產生雄性和雌性配子體的孢子逐漸分化，其中演化為雌性配子體的孢子會變大，成為被包在胚珠中的大孢子，並留存在植株上，而且只有在受精並形成種子後才會被釋放出來。種子的發育使植物能供應更多的儲糧給新植株，並使之擺脫生長在潮濕土壤的需求。因此，種子的習性使植物能在更乾燥的棲地生存並蓬勃生長。

到了泥盆紀中後期，隨著植物愈長愈大、形成更多的燃料並傳播到更乾燥的環境，可預期的是更大規模且更頻繁的野火。然而，從化石木炭的紀錄並沒有觀察到這樣的模式。我們所知的火三角包含三個部分——燃料、熱能和氧氣，但在深時間，我們需要考慮的是當時的火三角可能稍有不同（圖9）。

深時火三角的一邊代表植物或燃料的演化；第二邊代表大氣的演變，尤其是大氣中的氧；第三邊則代表氣候。如果到了泥盆紀中後期，明明已有大量的燃料積

圖9｜深時火三角。

聚，植物也生長在乾燥的氣候環境下，為什麼從岩石紀錄中卻未觀察到火燒增加的跡象？答案幾乎可以肯定是取決於當時大氣中的含氧量。

火與大氣

大氣中的含氧量至少須要達到15%才能讓火勢延續；最近的研究顯示更精確的數字應為17%。目前地球大氣的含氧量約為21%。如果在乾燥環境的地景上積聚了足夠的燃料，卻依舊沒有起火燃燒，則極可能是大氣中氧氣含量過低所致。

四．二億年前志留紀晚期的火燒紀錄顯示當時的含氧量至少達17%。在隨之其後的四億至三．六億年前的大多數時間都沒有火災發生，原因可能是大氣中的含氧量降到此臨界值以下。傳統上，大氣中的含氧量是由地球化學模型推算出來的，利用各式數據來預測氧氣隨著時間的變化。其中有些模型顯示，泥盆紀時氧氣濃度曾一度下降，這可能即是當時火災活動如此罕見或根本沒有發生的原因。這些模型也顯示，泥盆紀晚期銜接石炭紀時期（大約三・五九億至三・四億年前）氧氣濃度再度上升，同時這個年代的岩石中可觀察到木炭含量增加，確切證明了當時野火活動的存在。

許多地球化學模型也指出，從大約三・五至二・五億年前，大氣含氧量明顯高於現今的21%；有些模型顯示這段時期的氧氣濃度約介於30%至35%。這個發現的代表意義相當重大。根據實驗結果，氧氣濃度若增加到21%以上，起火的機率會隨之顯著提高。隨著含氧量的增加，即使是潮濕的植物也會燃燒起來。相關實驗指出，濕度極高的植物在含氧量約為30%至35%的大氣環境中也會燃燒，並造成難以撲滅的火災。然而，這樣的氧氣濃度顯然是難以維持的，否則植被會一直處於燃燒狀態。不過，新的模型將火災回饋也列入運算，其結果仍然顯示當時的氧氣濃度自始至終都高於目前的濃度。

大氣中的氧氣並沒有明顯的代表性指標，但有人認為木炭化石紀錄或許能提供一些關於氧氣濃度變化的線索。這個概念背後的依據是，遠古泥炭中的木炭會隨著時間轉化成為煤。由於已知泥炭是在不易起火的潮濕環境下形成的，因此現今泥炭的木炭含量低於5%。在氧氣濃度小於21%時，木炭含量會更低，而在氧氣濃度下降到17%時木炭含量則為零。當氧氣濃度上升到30%時，即使是非常潮濕的植物也會燃燒起來，因此可以預期木炭含量也會隨之增加。煤中的木炭含量數據顯示，在晚古生代　　石炭紀和二疊紀——許多煤的木炭含量可超過30%，有些甚至超過70%。這樣的數據可以用來推估大氣中的氧氣含量，而木炭紀錄與傳統地球化學模型也都顯示晚古生代是一個氧氣含量高且野火活動旺盛的時期。

上述兩種方法都顯示，在接下來的中生代期間（涵蓋三疊紀、侏羅紀和白堊紀，約為二·五億至六千六百萬年前），氧氣濃度的變化幅度相當大，但白堊紀的中到晚期（大約一·二億至六千六百萬年前）也是氧氣濃度比現今都要高的時期。而所有的數據都進一步顯示，氧氣濃度是在大約四千萬年前開始達到現今的21%左右並穩定下來的。

火與氣候

在今日的世界，氣候對不同植被類型的存在，以及對野火的發生，都扮演了基礎而關鍵的角色。關於氣候，有下列幾個面向需要考慮。首先是氣溫。隨著氣溫上升，燃料會變得乾燥，也更容易起火。然而，降雨也很重要：天候潮濕時，就算氣溫很高加上雷擊誘發，也無法造成火災。而更細微卻相當重要的因素還包括乾季和雨季的長度。舉例而言，如果冬、春季潮濕而夏季乾燥，便有可能導致火災；但如果全年都潮濕，火災就不太可能發生（受限於降雨量）。長期乾燥的地區植物因為缺水難以生長，燃料積聚較少，原本因為燃料乾燥而容易引發的火災，會因為燃料累積不足，火災反而不容易引發（受限於燃料量）。

對於可以見到的植被類型，以及這些不同環境下火災是否會發生，降雨和氣溫的差異扮演了重要的角色。人們理應不會預期熱帶雨林中常有自然野火發生，雖然那裡有大量的潛在燃料，雨水卻使它無法自然乾燥進而燃燒。然而，人類的介入卻改變了這一點。這也是為什麼二〇一九年亞馬遜雨林的蓄意縱火事件激起憤慨。夏季漫長炎熱的地中海型氣候可能造成一發不可收拾的火勢，但即使是在較寒冷地區的北方森林，乾旱時期也會導致大面積的火災。讓人意外的是，阿拉斯加其實也有大量的野火發生。

隨著衛星監測的發展，地球的火災分布才終於被充分地掌握。這使得我們能更加理解自然的易燃植被生物群落，與其他生物群落中非自然且極可能因人類活動改變所致的火災之區別。

低火與高火世界

當我們了解大氣中的含氧量對火災的發生和數量扮演重要的角色，並且隨著時間而改變，低火（Low fire）與高火（high fire）世界的概念便應運而生。我們可以將泥盆紀視為一個低火世界，最初因為燃料有限，後來則是因為大氣中氧氣濃度的降低。相反地，晚古生代則是一個高火世界，儘管當時的氣候發生了相當大的變化，而且大多為充滿極地冰的冰屋世界。雖然這些早期的火災歷史為火和生物圈的演變提供了許多有趣的見解，但隨後的時期才與我們目前對野火的理解最具相關性。

中生代的植被，尤其在三疊紀和侏儸紀（二・五億至一・四五億年前）時期，主要是以種子植物為主，而且這段期間的含氧量雖然有顯著的變化，但從未降到17%以下。地球最劇烈的變化是發生在白堊紀時期（一・四億至六千六百萬年前）。

白堊紀時期，植被最重要的改變之一是開花植物（被子植物）的演化。這些植物發展出透過花朵和授粉的新繁殖方式，不僅可成功地藉助風來傳播花粉，還能透過昆蟲進行授粉。在白堊紀早期（一・四億至一億年前），陸地植物群以一系列的種子植物為主，包括針葉樹、蘇鐵，以及名為本內蘇鐵目（Bennettitales）的類蘇鐵植物；地被植物則以蕨類和木賊為主，此兩者皆為孢子植物。大氣中的含氧量在白堊氣時期持續上升，到了大約一・二億年前，以針葉樹、蕨類等為大宗的許多類植物，都在這高火世界期間被大面積地燒毀。

然而，此時為開花植物的首次演化。同時，燃料結構的改變也明顯地改變火災範式。許多早期開花植物是如雜草般的植物，在干擾眾多的環境下蓬勃生長。因此，科學家推測，頻繁的火災應是有助於這些早期開花植物的傳播，許多這個時期的花卉化石都是以木炭的形式保存下來的（圖10）。

現代植物的DNA分子研究，使得我們對這個高火世界以及它對生命演化的影響有了更進一步的理解。舉例而言，運用分子鐘技術可推得松樹（針葉樹）和山龍

圖10｜化石炭化白堊紀花的掃描式電子顯微影像。

眼科植物（Proteaceae）皆是於白堊紀期間演化出在火中存活的能力，而近期的化石發現也傾向於支持這一派的假說。

火很可能在恐龍稱霸的地景上扮演了重要角色。發生於距今大約六千六百萬年前的大規模滅絕中，恐龍和許多其他動、植物的滅絕被認為與一次大顆的小行星撞擊有關。那次的撞擊事件已廣受確認，並遺留下位於墨西哥巨大的希克蘇魯伯隕石坑，而且學界普遍相信它是大滅絕的關鍵因素，雖然大範圍的火山活動和氣候變遷也可能是大滅絕的主要原因。然而，在撞擊過後發生全球性野火的說法所得到的支持則少很多。研究顯示，全球性野火的證據力並不充分，而且根據實驗結果和目前普遍對野火動態的理解也都指出，即使在如白堊紀的高火世界，全球性野火的發生機率也極低。

在白堊紀之後，距今約四千萬年前，氣候的變化、降雨量的增加以及熱帶雨林的演化，抑制了火災活動。從全球溫度較高的始新世時期（約四千六百萬至三千四百萬年前）到溫度明顯轉低的兩千萬年前迄今的時期（從溫室到冰屋世界），這樣的轉變影響了現代植被和火災範式的發展。在約七百萬年前的中新世時期，隨著稀樹莽原的擴張，發生了一項重大的變化，特別是在非洲。

禾草（Grasses）最早是在新生代（大約六千六百萬至二百五十萬年前）的前期（六千六百萬至三千萬年前左右）演化出來的，但當時它們是以傳統的生物地球化學途徑——稱為C3途徑——來進行光合作用。然而，在較乾燥的間歇期間，有些禾草植物發展出一種稱為C4的高效率新途徑——這使得它們能在較乾燥的氣候條件與土壤環境中蓬勃生長和傳播。禾草植物會在乾燥的棲地快速生長，因此也提供了相當大量的地表燃料負荷，形成有利於這些禾草傳播的草火循環，並造就了如現今在非洲所看到的稀樹莽原。火雖然會燒掉枯死的植物，卻不會殺死草的根部。如果火燒規律地發生（亦即每十年左右發生一次），那麼原本會長成灌木或樹木的較大植株就會被燒死。因此，火對於世界上許多大片稀樹莽原的維持非常重要。現代火世界可說是大約在這個時期，亦即七百萬年前開始的。

植物因應火災而演化出的特性

植物演化出許多能幫助它們在各種環境或棲地生活的特性。為了因應其他環境壓力所演化出來的某種特性，很可能也對熾熱的地景有效。舉例而言，厚層樹皮能保護樹木或灌木的外部形成層，並為樹木帶來許多優勢。而無疑地，厚樹皮層對某些經常遭受火災的針葉植物特別有利，例如松樹。這樣的特性便屬於一種「火災特性」（fire trait）。植物還發展出其他與火相關的特性，包括再萌蘖（re-sprouting，重新長出新芽）、延遲裂果（serotiny，一種主要在遇火受熱後才會釋放出種子的生態適應）、以及遇熱或煙霧後的發芽。不過，這些特性不僅是針對火的適應，而是針對火災範式的適應。火災範式包括火災頻率、火災強度等特徵，同時也包括了燃料消耗的模式（圖 11）。

近期針對松樹、海神花屬（*Protea*）等一系列植物群的分子分析研究顯示，這些對生活在熾熱地景上的植物很重要的特性，是在大約一億年前白堊紀的高火世界演化出來的。因此，這些特性使植物能適應易火的環境，

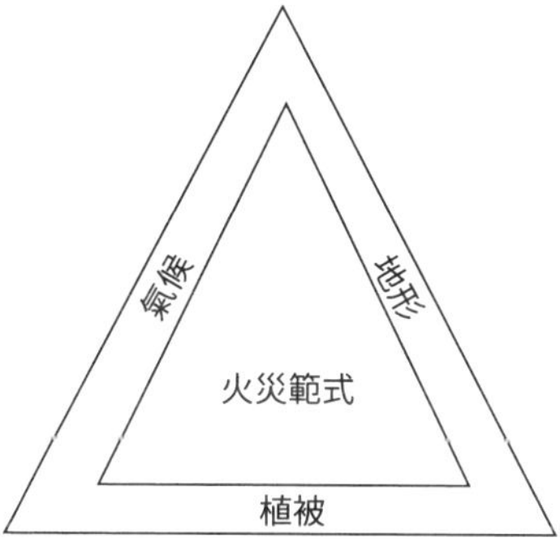

圖11｜火災範式三角。

並提高對特定火災範式的復原韌性〔表2〕。

如前所述，某些在白堊紀才演化的松樹發展出厚層樹皮，以幫助它們在頻繁的火災中存活下來。此外，有些類群的生長位置較低的樹枝會天然修枝（self-prune），藉由去除階梯燃料，形成一道林地的枯枝落葉和樹冠層之間的間隙。其他種類的松樹，特別是在高海拔地區的北美短葉松、扭葉松等，它們雖沒有厚層樹皮，卻演化出了毬果——只有在強烈的林分替代性林火[2]（stand replacing fire）過後，毬果才會打開並釋放出種子。

有些樹木演化出的另一類適應方式：再萌蘗（圖

表2｜植物的火災特性

火災相關的植物特性	描述	評論
厚樹皮	耐火組織和樹枝的天然脫枝——適應頻繁的地表火，例如松樹。	樹皮厚度強烈影響莖的存活。嫩芽長在地表上的樹木與灌木最容易受到火災傷害。
火災後的再萌蘖，木本物種	通常從地下分生組織再萌蘖，其次是火災後的再萌蘖。外皮生長，例如尤加利樹。	尤加利樹的芽深深嵌在樹皮中，即使在嚴重火災後也能再萌蘖。基部發芽的木本植物可以再生整個樹冠層。在地上莖去除後往往會刺激無性傳播。
受火災刺激後的發芽	常見於易起火的系統，例如硬葉灌叢。	熱休克發芽在許多的開花植物物種中很常見，尤其是來自地中海型氣候的植物。
受煙霧刺激	受煙霧刺激而開花，例如某些海神花屬植物。	可見於許多的植物，包括許多被子植物。
延遲裂果	樹冠層的種子儲存和受火刺激的種子釋放。通常與樹冠火範式有關。	可見於包括松屬植物（*Pinus*）在內的許多針葉樹，還有一些分布於南半球的針葉樹和被子植物的類群。
耐火的一年生植物	火災過後的正常發芽。	
受火災刺激後的開花	有效地使更新機制與火燒後環境同步。	可見於許多單子葉被子植物中，包括禾本科植物和蘭花。

圖12｜適應火災的植物特性。（a）再萌蘗；（b）延遲裂果。

12）。澳洲的尤加利樹即屬此類，在經歷高強度的樹冠火後，植株會從身上的不同部位再長出新芽。

某些植物，例如在南非的開普地區蓬勃生長的海神花屬植物，發展出對煙霧的感知能力：一旦感測到火焰

2 編按：一場人火燒毀了大部分樹木，並由新樹取代，稱為林分替代性林火。

即將來臨，便會等到大火過後，才將種子釋放出來。土壤種子庫中的休眠種子也會在火燒過後開始發芽。

雖然將植物的特定性狀歸因於火未必恰當，但在整個地質歷史中，火無疑地始終是某些生態系統中的主要環境壓力；而且火也有利於植物針對此單一環境因素發展出適應方式而在天擇進程中存活下來。其中一個很好的案例是無性生殖。它是在最早期的陸地植物才首次演化出來的習性，而這種習性在受到眾多干擾的環境中特別有用，即使在火山地形中亦然。木賊是一類在石炭紀及其後年代變得極為重要的植物，它們發展出了這套策略並且如今仍充分地展現，這使得努力將它們從花園根除的園丁們感到很絕望。不過，無性生殖在熾熱範式中很有利。最大的無性生殖植物之一為顫楊（學名為 *Populus tremuloides*，事實上以生物質量而言，它是世界上最大的植物，也是最古老的植物之一），它往往在火燒過後蓬勃生長，並與松樹林火災的關聯特別緊密。

現今有愈來愈多的研究確立了火在許多不同植被類型的生態環境中的重要性。不同的植物群落中，有些會完全被火燒毀，但另一些不僅能從火中倖存，甚至在某些情況下反而需要火。因此，火災不能也不應總是被排除在地景之外。而火災研究與傳統植物生態學研究的結合已經引發許多重大的爭論。如今人類對於火災在地球上的角色有了更多的理解，而這也提供了制定保育政策時的基本知識。人們已了解到，許多非洲草原存在的年代久遠，而且並非僅是退化的森林，而是需要靠火燒來維持其存在。如果將某些生態系中的火排除，反而會對部分棲地造成毀滅性的後果。因此，火燒可被視為一個生態系統進程，而火災範式則為初級生產、季節性、點火源和燃料結構的複雜交互作用。其中還有一個關鍵要素是火災返回間隔。在如熱帶雨林等火災罕見或不會發生的地方，某一種植物可能因為一場火就被完全消滅。相反地，某些草原卻能在一至二十五年的火災返回間隔期間蓬勃生長。即使對非常適應火災的植被，火災頻率的改變也會導致災難性的後果。

火與動物

我們經常探討火與植物之間的關係，也普遍接受火塑造出了許多的植物適應特徵，但對火與動物關係的探討卻少很多。西班牙瓦倫西亞大學的胡里・帕烏薩斯（Juli Pausas）記錄了火與動物之間各式各樣的交互作用，不過這類研究仍處於起步階段〔表 3〕。他認為火是動物多樣性的重要演化驅動力。然而，這個觀點未曾從非化石紀錄中探索過。

帕烏薩斯的假說是立基於以下觀察結果：現今的易火地景中，許多動物都具備有助於牠們適應開放性環境的特徵，而且在某些情況下，棲息於易火生態系（fire-prone ecosystem）中的動物會表現出特定的火災適應（圖 13）。

二〇一七年，有一個這類的案例登上了報紙頭條：澳洲的某些猛禽竟然會縱火。據報導，如黑鳶、嘯栗鳶和褐隼等猛禽，會蓄意地在澳洲稀樹莽原上引起火災。根據觀察，這些鳥類會用牠們的爪子或喙抓起燃燒的樹枝，這麼做顯然是為了助長火勢蔓延，以使牠們能更接近獵物。另一方面，包括昆蟲等許多動物，也能在火災過後興旺生長。

表3｜火災及火災改變的棲地對動物的可能益處

益處	類別	動物相
新鮮的草和葉	食物資源	植食性動物，例如大型哺乳類植食動物、昆蟲植食動物、樹棲型有袋類動物
遇火而釋放的種子，以及更多土壤中暴露的種子	食物資源	食果動物，包括囓齒動物、移除種子的螞蟻
動物逃跑或死亡	食物資源	掠食者、食腐動物（例如烏、鳶、鴞、蟻）
衰弱和枯死的樹木	食物資源	小蠹蟲、洞穴依賴性（空心築巢）的動物，如啄木鳥、其他鳥類、蜥蜴、蜜袋鼯
枯木	食物資源	腐木食性昆蟲
花朵，火災後開花	食物資源	昆蟲傳粉者、蜂鳥
會面點	交配信號	腐木食性昆蟲、煙蠅、螻蛄
同步萌芽	交配信號	昆蟲（某些甲蟲）
棲地複雜性降低：能見度提升	棲地改變	猛禽；大型植食性動物、靈長類動物（較容易移動與察覺到牠們的掠食者）
棲地複雜性降低：在環境中的移動	棲地改變	松雞（林中空隙以進行交配）；傳播種子的螞蟻（跟著火移動）
微氣候變遷	棲地改變	外溫動物——例如嗜熱性爬蟲動物、昆蟲（較溫暖的火災後環境）
寄生蟲減少	生物交互作用	脊椎動物
掠食者減少	生物交互作用	昆蟲（例如食蟲性脊椎動物的減少）

經Springer許可，修改自表2，《演化生態學》，「關於火對動物的演化作用之了解」，Pausas, J. G. and Parr, C. L, 版權 2018, 32:113–125 https://doi.org/10.1007/s10682-018-9927-6 經作者許可

(a)

(b)

圖13｜動物的一些火災適應特性。(a)鶆鷞融入被燒過的草原。(b)貓頭鷹在火線前狩獵。

火成地理學與火成多樣性

衛星數據使用的持續增加不僅扭轉了我們對火災的理解，也凸顯出火災在地球的廣泛與頻繁。這場革命使人們對火的特殊性和時間性模式有更普遍的認識，也促成了塔斯馬尼亞大學的大衛・鮑曼（David Bowman）提倡的新科學—— 火成地理學（Pyrogeography）。研究證明，淨初級生產力[3]（受氣候所控制）與燃燒面積之間存在顯著關連。顯然地，在沙漠等極為乾燥的地區，燃燒面積受到可用燃料的限制，這是由於初級生產力低，可用燃料也因而很少。

但在熱帶雨林等初級生產力高的地區，燃燒面積也會受到氣候的控制，比如降雨會排除火災。在初級生產力中等且乾旱期較長的地區，持續性的火災更為普遍（圖 14）。這類環境包括熱帶稀樹莽原，此為地球上分

3 編按：太陽輻射進入地球後，少許能量能被藻類、光合性原核生物及植物的葉片轉變為化學能，所有的這些初級生產者所產生的總合稱為總初級生產力，扣除掉生產者做為細胞呼吸所需要的燃料能後，即為淨初級生產力（net primary productivity）。

布最廣的易燃環境。這些系統同時兼具豐富的燃料，以及能使火勢持續的天氣條件。稀樹莽原擁有可促進植物生長與燃料生成的濕熱雨季，緊接著是能使豐沛的燃料乾燥的旱季，以及有利於火的天氣〔Box 2〕。

有人提出，在某一地區內，植被可能存在不同的穩定狀態，這取決於火災是否存在。

隨著「自然的」與「人為的」火災之間的區隔愈來愈模糊，理解火成地理學對於我們將採取的保育方式變得至關重要。正如以下將介紹的，人類正在改變地景上的植被，而這對火災範式會產生極為重大的影響。我們對火的理解還有一項關鍵要素，那就是易燃的（親火的〔pyrophylic〕）與不易燃的（厭火的〔pyrophobic〕）植被之間的界限。

最近的火成地理學觀念，導入了火成多樣性（pyrodiversity）的新興概念——這同樣是由大衛·鮑曼倡導，將其定義為食物網中生物多樣性與火災範式的耦合。此研究方法強調火災範式、生物多樣性和生態過程間交互作用的重要性。在這脈絡下，人類可透過操控火來改變並形塑火成多樣性，操控的不僅是燃燒頻率和燃燒嚴重

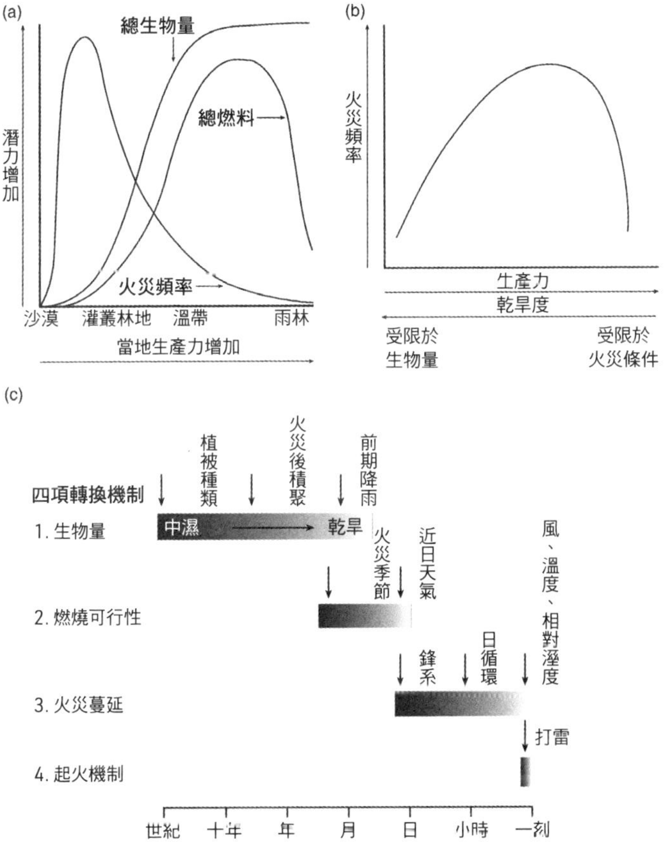

圖14｜植物生產力、火災和轉換機制。(a) 隨著植物生產力增加的火災；(b) 生產力與火災頻率；(c) 火災轉換與時間。

BOX 2

稀樹莽原和野火

稀樹莽原遍布不同的大陸，但都是多樣的草火循環的一部分。稀樹莽原分布在非洲的中部和南部、澳洲（尤其是北部熱帶地區）、印度部分地區、以及南美洲的許多地區（尤其是巴西）。在巴西境內有各種稀樹莽原類型，每一種類型的火災發生率都不同。其中最著名的是塞拉多（Cerrado）。如同所有的稀樹莽原，火災的頻率控制著生態系中灌木和樹木的生長。在某些情況下，如果有小樹在一年當中較乾燥的時期落葉，那麼綠草如茵的地被就會變得更加明顯。這些地區有多樣的動物群落，而火災也形成了不同生態系的混拼。在巴西北部，委內瑞拉和圭亞那的邊界，原住民成功地使用火來維持他們當地的農業耕作，但是來自於其他競爭活動的壓力類別，例如伐木或雨林保護（這些地區與熱帶雨林接壤）意味著，即使在以可控的和生態敏感的方式使用火的地方，當地的火災操作仍然受到威脅。

原住民族群的用火不僅涉及土地清理和使用的過程，也涉及防止更大型火災的過程。究竟制定消防政策是中央政府的職責，還是擁有用火知識的當地社群可以做出這樣的決定？

塞拉多最早覆蓋了巴西約 25% 的領土，是南美洲最大的熱帶稀樹莽原地區。不同於非洲大草原，它的特點是覆蓋著一層草，但也包含小型棕櫚樹、樹木和灌木。與許多其他易於發生火災的地區一樣，它有促進高生物量（燃料）生產的雨季和漫長的旱季。與其他此類地區相同的是，這些草也具有高耐火性，並在火災後迅速再萌櫱。這裡所發生的火災，無論是自然的還是人為的，都是地表火災。

這類地區的一個主要問題是，原生植被很明顯地被外來引入的草本植物加上機械化農業操作取代，因而改變了自然的火災範式，導致火災發生更為頻繁，這對生態系產生了重大影響。

程度，也包括燃燒的時間點和範圍。此外，火災系統可透過引入外來或入侵物種而改變。顯然地，任何關於生物多樣性保育的討論都需考慮到火成多樣性，並理解火在地球上曾經扮演、以及至今仍扮演的角色。

第三章

火與人類

四億多年來，在形塑地球系統的各種面貌，以及在地球植被與環境的演化上，野火扮演了重要的角色。因此，人類是在熾熱的地景中進行演化的，而我們與火的長期互動有一個關鍵特徵就是我們與火的關係不斷在變化。

當今普遍認為人族（*Hominins*）是在非洲演化而來的，而事實上，現代人類（智人〔*Homo sapiens*〕）確實是如此。顯然地，這些靈長類動物想必經歷過火災，而且在因氣候轉趨乾燥而開始出現的稀樹莽原上，火災一定特別頻繁。

火的發現

利物浦大學的約翰・果勒特（John Gowlett）將火的發現與使用，形容為一段漫長又曲折的過程。人類祖先與火的初次相遇可能純屬偶然。雙足步態（bipedal gait）使早期人類能看到遠處燃燒所產生的煙霧，而這種自然發生的火帶來了一些好處。舉例而言，有些動物受到大火驅趕為人類製造狩獵的機會。如果動物被火燒死了，它便成為現成的食物，而且還已經煮熟了。

這可能便是人類烹煮肉類的靈感由來。而在火災過後，降雨會促使植物蓬勃生長，進而吸引可獵捕的食草動物。

人類開始用火的確切時間難以得知。在非洲南部的旺德維克洞穴，發現了大約一百五十萬年前的爐床裡有燒焦的土壤。在那之後過了相當長的一段時間，人類才有辦法保存偶遇的火，例如透過添加燃燒緩慢的糞便。

基於各種原因，火可能對早期人類相當重要，其主要效益可從以下五個面向考量。首先，火可以在我們抵禦大型掠食者時提供一些保護。其次，火也會逸散出有助於驅蟲的煙霧。此外，在較高緯度、氣溫較低的地區，其一明顯的用途是取暖，甚至比用於照明更重要。

不過，理查德·朗厄姆（Richard Wrangham）認為，火對人類而言最重要的益處在於烹煮上的應用，但它最早發生的時間不為人知。在距今約四十萬至三十萬年前的用火證據愈來愈多，其中部分證據來自以色列的洞穴。有人認為，直到舊石器時代晚期，亦即大約五萬至一萬年前，烹煮才成為一項人類的常態活動。顯然，烹煮可以被視為用火的里程碑，它使肉質更容易被人體消化，並中和掉毒素和病原體。烹煮也改變了人們對食物的採集和使用方式。直到近代，也許不到一萬年前，人們才開始烹煮穀物，而這對人類社群產生了重大的影響。農作物的馴化可能起源於西亞，雖然具體的時間難以確定。不過它並未立即傳播至中東、進而到歐洲，直到西元前七千年左右，歐洲才出現炭化穀物的證據。

用火的另一項關鍵發展可能也在同時發生：除了火的保存之外，人類還學會如何生火。直到大約四萬年前，人類才發現可以利用燧石產生火花來生火。

最初用來保存火的爐床，一開始是為了抵禦掠食者，後來是為了烹煮；隨著它的演進還發揮了其他重要的作用。舉例而言，火的照明不僅可延長「工作日」，並且形成一個人們在其周圍製作工具的區域。火所產生的熱能有助於各種火成技術的發展，例如矛尖的硬化、膠泥的製造等。

此外，火帶來的另一個影響為：環繞火周圍的活動創造了社會焦點。約翰·果勒特指出，這有助於群體互動、儀式乃至語言的發展，進而促使大腦的增大和發展。

火在地景中的利用

要追溯人類何時首次有目的地利用火來改變環境是相當棘手的難題。如前文所述，人類可能早在會生火之前就發現並保存火以操控它。然而生火與控火的過程截然不同。從化石紀錄中，我們或許可從木炭的存在推測過去曾有火災發生，但無法判定起火的過程與原因。即使在現代，這仍是個難題；因此，想清楚知道過去發生的火災更是難上加難。這個問題可以透過兩種方法解決，兩者皆運用了從岩心鑽取序列進行木炭分析所取得的火災紀錄。第一種方法是藉由檢視火燒活動的長期紀錄，從中找出是否有不能單純以氣候變遷解釋的變化。然而，這種方法的最大缺陷是，經歷過野火的植被會再度遭人類引入火。因此，一年內可能受人為因素改變的火災無法從木炭紀錄中得知。

第二種方法，雖然並非沒有批評者，但相對來說或許較為成功，並且已應用於探究與人類大量湧入有關的澳洲火災活動變化。當地原住民發展出了火炬文化（fire-stick culture），而大約五萬至六萬年前增加的火災活動即歸因於此。

南非的莎莉．亞琪柏德（Sally Archibald）及其研究團隊指出，距今約十萬年前的非洲中石器時代，人類便已在用火塑造地景。然而，要確定人類何時開始普遍利用火來改變地景，方法之一便是觀察大約一萬年前，從狩獵採集到農業和畜牧的人口變化。農耕的出現帶來了人口數量的增加，不過綜觀地球歷史，這屬於相對近期的現象。

我們可能以為人為操控火對地景的改變只是清除了森林以作為農業使用，例如刀耕火種農業（slash and burn

agriculture)。不過，火的利用可能更加巧妙；在某些情況下，火反而可用於增加樹上的堅果作物，例如橡實和栗子。

此外，在北美洲也可觀察到人類因使用與管理火而造成的長期影響；特別是在西南部，原住民經常會為了驅趕獵物而定期進行地表燃燒。下文將述及，禁止此類活動嚴重影響了現代火災的發生及其嚴重程度。

至今為止，利用火來改變地景仍然充滿爭議，人們對此種運用方式的態度也因地理和文化而異。

雖然在許多先進的西方文化中，幾乎已經完全拋棄了在地景上用火的活動，但在世界上其他地方，兩種不同的做法和觀點將導致截然不同的後果。

在如亞馬遜雨林等生物多樣性敏感的地區，採行刀耕火種農業引起了廣泛的譴責，由於此類環境中的植被通常不會經歷火災，這類型態的農耕會損害重要的全球性資源(圖 15)。

然而，在亞馬遜流域的其他地區，包括部分的委內瑞拉、巴西和圭亞那，一些原住民族群已相當理解火以及避免棲地受損的火災管理方式。在許多情形下，「一

圖15｜巴西雨林的刀耕火種。

體適用」的滅火政策卻並非解決之道。

然而，擴大土地利用所導致的壓力令人擔憂，例如巴西。它有兩種表現形式：第一種是砍伐森林並以放養動物的牧場取代，或者某些情況下是開闢可耕地；而人口的增長也會進一步使這些地區的發展面臨壓力。第二種來自伐木本身，亦即將大樹砍倒並在砍伐後燒毀。

這種土地利用改變所造成的影響在印尼最為明顯。

同樣地，在此也有兩種不同的需求：一是砍伐鮮少發生火災的熱帶森林。在印尼的許多地區，例如婆羅洲的加里曼丹島和蘇門答臘，伐木已導致一連串意想不到的後果。由於許多樹木原本生長在潮濕泥炭上，但伐木後泥炭會變乾，形成的乾泥炭成為火災的理想燃料。聖嬰現象加劇了這個問題，使得這些地區每七年左右就遭逢一次嚴重的乾旱。一九八二／三年，一場火災橫掃了加里曼丹島上的一大片地區，面積相當於比利時、荷蘭和盧森堡的總和。

此外，其他泥炭地區域則因開發油棕櫚種植園而遭排乾與砍伐。大火發生造成全球性的影響，譬如其產生大量的二氧化碳（溫室氣體）以及可擴散數千公里遠的煙霧，正如萊斯特大學的蘇珊・佩姬（Susan Page）的研究結果所顯示。也如塔斯馬尼亞大學的費・強生（Fay Johnson）所指出的，這種煙霧極可能對人類的健康產生嚴重影響。

火的取得和控制

火的取得和利用可被視為定義「人類」的關鍵特徵。但事實上，火的取得、利用和控制卻是截然不同的活動。如前所述，即使早期人類意外取得火，卻未必能廣泛使用。維持火的能力有助於其供人類運用，但直到具備生火的能力後，人類對火的應用才得以充分發展。火的應用與控制不盡相同：控制火不僅需要具備點燃和維持它的知識，還要懂得如何熄滅它。在如開放式爐床的環境中，若未補充燃料，火勢最終將會熄滅。用水將火澆熄也是人類在消防技術發展的早期學會的。

下一階段火的利用，來自於對不同燃料的燃燒方式有愈來愈多的了解，包括植物種類、大小和乾／濕等狀態。在地景中，不僅要了解如何燃燒，還要了解何時燃燒。如果火災發生在常態季節之外，例如植物尚未完全乾燥時，要局部控制火災比較容易。在今日的非洲中部，我們依然能見到在主要旱季開始之前便先放火燃燒的做法。美洲原住民也一樣，他們在森林地區引發小規模的地表火，這麼做的附加好處是，可透過減少地表燃料負荷來避免在較乾旱時期發生更大的樹冠火。停止這種例行施作對美國西南部森林火災的規模和強度產生了重大的影響，正如亞利桑那大學的湯姆・斯威特南（Tom Swetnam）研究團隊及德州達拉斯南衛理公會大學克里斯・魯斯（Chris Roos）研究團隊所提出的證明。

斑塊式燃燒（patch burning）為澳洲原住民火炬文化的一部分，它還可能產生意想不到的益處：這種做法在地景上形成已燒毀和未燒毀區域的馬賽克樣態，而這已被證明可以限制一些由閃電所引發的自然火災的規模和強度。

雖然生火並不困難，但要控制和撲滅火災絕非易事；正如過去這些年來我們在世界上許多地方所看到的案例。本書後段將針對這些面向有更完整的探討。

火在農業上的使用

當火開始受到更全面的控制並應用於各種農業施作後，火的使用發生了重大的改變。火對土地造成的第一個影響並非來自於火本身，而是來自於對燃料的操控。

這包括從一個地區的排水，到樹木砍伐、或驅趕動物去踩踏燃料的種種。燃燒的時機和容許的燃燒規模也是重要因素。目前，人為管理的防火系統已取代了天然火災系統，其他方面也是可操控的。植被本身是可以改變的，包括引進不同可燃性的新物種。隨著人類廣泛引進穀類作物，此種情形已經發生。藉由探討世界各地的農業或放牧的用火案例，我們得以見到其多樣性。

我們要舉的第一個例子稱為「火災－休耕循環」（fire-fallow cycle）。火在這種系統中扮演了重要的角色。農學家的術語是「休耕」。如果一塊田地被擱置數年，它可能會長出一堆雜草、灌木，甚至還有其他小樹和植物入侵種。在某些系統中，尤其是在歐洲，這些田地基本上被視為廢棄地並往往遭燒毀。然而，有些人認為這是一項受到忽視的資產，並提出將這種燃燒視為生產機會的想法。燃燒對田地產生了重要的生態影響：它不僅減少了害蟲和雜草，還能使養分再度回到土壤並確實改變了土壤結構。

在這些農業形式當中，其中一種稱為輪耕（Swidden），它目前仍然廣泛地應用於全世界。這是一種輪作的農耕技術，將土地清理以用於耕作（通常以火燒），再放置幾年讓它恢復。它的另一種變形應用被稱為刀耕火種：一片植被區域在確定要用於種植農作物後，先砍伐該處的樹木和灌木，待其乾燥後再燒掉。在這樣的系統中，燃燒後的第一年作物會蓬勃成長；但是到了燃燒後的第二年，作物可能難以獲得高產量，而要改善生產力需要再進行一次燃燒。到了第三年，可以見到火災後恢復的原生植物群再度正常地依序生長。儘管這樣的系統在某些地區是有用的，但其他某些地區農民則不得不放棄並且轉移他處，這種施作方式也因此導致許多環保主義者的全力反對，尤其是在如亞馬遜盆地等火災不會自然發生、原始森林是主要的碳匯[4]和製造氧氣的地區。然而並非所有案例都是如此，因為田地可以回歸、燃燒循環可以重複，而火也變得更容易控制。儘管這種做法在許多情況下被認為是「有害的」，但它在數個世紀以來創造出包含不同耕作階段與休耕狀態鑲嵌的馬賽克地景，反而促進生物的多樣性，並確實提供了各種動物和

4　編按：碳匯是儲存和吸收大氣中碳化合物的系統，可說是碳的「倉庫」。

稀有植物的棲地，也進一步導致「火成多樣性促成生物多樣性」（pyrodiversity begets biodiversity）的新觀念生成。

「刀耕火種」技術可以進一步改良為較規律的田地輪耕施作。這種技術可更好地固定地塊的位置和大小。燃燒過後依序栽種不同的作物有助於提升土壤肥沃度；例如先種植穀物，之後再種植塊根或塊莖作物。這是一個可從兩年到長達八年不等的循環，之後該田地會再次被燒掉。田地輪作代表在一塊特定的區域內，田地會種植不同的作物，另一些田地則準備要被燒掉。這形成一種非連續耕作的「自然循環」，不施以持續的耕犁和施肥等密集性處置。

雖然施行這種田地燃燒的技術會破壞地景，並減少自然閃電引發之火災蔓延機率；但另一方面，它們也會導致嚴重的煙霧汙染，且如今這已被認為會危害人體健康。

令人驚訝的是遵從火災－休耕農業技術的範圍之廣，包含泰國和中非等熱帶地區，甚至到北歐等較溫帶的地區。而每個地區都給農民和環保主義者帶來不同的挑戰。

第二個例子可稱為火災飼草畜牧業（fire-forage pastoralism）。這是一個為了動物利益而管理火和植物相的系統，其概念為：燃燒有利於草食性動物（grazers）或食嫩植動物（browsers）食用植被的地景更新。特別是它對草的影響。舉例而言，在C4 禾草植物生長的地區，這些禾草在老化後已不再美味，但燃燒後長出的新芽反而提供了優質的食用作物。不過，定期的火燒可能也是必要的，以防止一個地區恢復成木質灌叢地或森林。因此，我們可以將火視為一種恢復生機的方法，就像我們在火－休耕農業所看到的情況一樣。

然而，在田園中，這種技術卻會造成額外的環境壓力。威廉・邦德（William Bond）和喬・奇利（Jon Keeley）認為火可類比為一種「全球性的植食者」。這意味著火和植食性動物正在爭奪相同的食物資源，並且在某方面會產生相同的影響，只是一種是透過較為緩慢的食用過程，另一種則是透過迅速地燃燒。兩者都會對植被本身造成衝擊，並且產生廢棄物，包括固體殘留物和溫室氣體（甲烷和二氧化碳）。

自然環境下的火是隨機發生的，通常取決於天氣、起火條件，而且基本上時間點是無法預測的。在火災飼草畜牧牧民系統中，引入了一種秩序元素，使得燃燒和放牧都變得有規律性。但此種做法未必適合那些希望採用較為安穩之耕作系統的群體，而兩者的分歧增加了社群的複雜性和對人為火燒的政治表態。

在這些游牧生活方式的案例中，有各式各樣應用火的方法。其中一種稱為「山牧季移」：在山區裡，一年中的各個季節都有供應飼草之處，尤其常見於環地中海區域，人們在夏季將動物帶往高處的山區放牧，冬季再回到低地地區。多數情況下，山區牧場和遷徙路線會在動物移動前先放火燃燒，以利新的可食用嫩草蓬勃生長。此外，這些地區到了季末會被燒毀。甚至在某些地區，冬季牧區會先燒過，用以避免動物離開的夏天有灌木和小樹長成。

在歐洲其他地區更溫帶的環境裡，人們嘗試整合動物與作物農業系統。動物們夏季在戶外度過，冬季則回到室內。這可輪流於不同的地塊上用火來促使田地「變新鮮」，並將冬季飼養在室內的動物糞肥施於田地上，以促進作物生長。

世界各地皆有這種混合式的火／農業應用，從地球北部溫帶地區的瑞典至南半球熱帶地區的馬達加斯加都可見。

火在工業上的使用

人們認為，在距今約十萬至五萬年前所使用的兩種黏著劑需要用火燒製。鑽木取火所用的麻繩似乎在大約十二萬年前左右出現。我們可以稱之為「工業用火」的初次應用很可能是用於陶器製造。一般認為這項工藝源自中國；雖然確切的時間仍有爭議，但可能早在兩萬年前即開始發展。

陶器不僅可用於儲存，還可用於烹煮。直到大約五千年前，隨著金屬加工的發展（首先是銅和青銅，之後是鐵），我們才看到火真正在工業上得到應用。金屬冶煉是一項複雜的技術，與普通的開放式爐火不同，冶煉需要建立高溫的持續性爐床。此外，現今從格陵蘭冰芯紀錄所獲得的資料顯示，鉛和銀的冶煉始於大約五千年前。這些技術的發展主要來自羅馬帝國擴張的影響。

我們已知明火可作為熱源。羅馬的火炕暖氣系統（一種羅馬住家和浴室所使用的供暖系統，類似於現代中央暖氣系統，熱空氣可在地板和牆壁間循環）的發展增進了我們對熱能分布與使用的能力。這些熱能不僅可用於加熱地板下的熱空氣，也可用於加熱私人與公共浴池的熱水。火炕暖氣系統的重大意義在於燃料的生產與使用。雖然我們看到許多羅馬火炕暖氣系統的實例，卻幾乎沒有任何關於其燃燒方式或溫度的資料。研究結果顯示，龐貝城的火炕暖氣系統應需要相當大面積的森林來提供燃料。有人提出，為求更有效率地搬運燃料以及減少城市環境的煙霧，木炭應先在城外生產，之後再運入城內使用。我們知道早在幾千年前的埃及便已有木炭的使用紀錄。燃燒木炭不僅可減少煙霧排放，還能使烤箱溫度更高更均勻。然而，關於火炕暖氣系統所使用的燃料卻鮮少資料，因為考古調查時通常會清空暖炕系統，即使從中發現木炭，卻總是很難從這些木炭殘渣中區分哪些部分是來自於木材的燃燒、而哪些是來自於燃料木炭的不完全燃燒殘餘物。

為了研究木炭，我和我的研究團隊研發出一項測量木炭反射率的技術，使我們能區別上述的混合物。這使考古研究產生了突破性的變革。舉例而言，在一件與慈善組織英格蘭遺產委員會的合作計畫中，我們運用這項技術檢測從不列顛羅馬熱炕發現的木炭，不僅證明熱炕所使用的是木材而非木炭，還能進一步鑑定出火炕暖氣系統所燃燒的木材種類。

為滿足不同的金屬加工與玻璃製造所需，熔爐必須達到更高的溫度；此需求產生兩種影響：第一是對木炭生產的發展。燃燒木炭能達到遠高於單獨燃燒木材的溫度。這點在製造玻璃上特別重要。而第二種影響以及工業製程上最主要的變化，是受到如煤炭等其他燃燒材料的使用所驅動。煤炭的使用起源未明，但到了羅馬時代，煤炭已廣泛使用於煉鐵等工業製程。例如，不列顛群島有大量的煤炭生產、運輸和使用上的相關證據。煤炭的使用改革了鐵的生產製造過程，並促成了十九世紀的鋼鐵製造。

燃燒煤炭而非木材作為熱源還造成許多其他影響。煤炭燃燒的蒸汽生產效率更高，因而可應用在各種技術上，包括工廠內、以及後來在運輸上和家戶內使用的引擊。我們將於第四章探討此種從鄉村農業用火到城市工業用火的轉變。

火作為一種武器

火在地景和住家的應用日益增加，經常導致原本受控的火釀成失控的災情。火會從林野地區蔓延到有建築物的地區，而這些建築物往往是易燃的。此外，建築物內常有明火的事實明顯增加了火勢蔓延的機率，並導致意外的財產損壞及生命喪失。由於火具有如此大的破壞力，因此它也能作為戰爭用的武器。

五萬多年前盛行的勒瓦婁哇尖狀器（Levallois point，經過敲擊以打下薄碎片，再加工到很尖利的一種專用燧石石核），其裝柄過程需要使用火來製備兩種所需要的黏著劑。火也能讓矛的尖端變硬。將火發展成為武器的能力是從投擲燃燒的矛或箭演變而來。要撲滅大火的難度極高，尤其是易燃建築的大火，因此火迅速蔓延的特性使其成為廣泛應用的破壞性武力。火不僅可在軍隊進攻時用於攻擊性摧毀，也可在撤退時運用於「焦土」政策，以斷絕敵軍部隊的糧食或庇護。

將火用於摧毀防禦性武力時，我們也需要相應的技術以使火能安全地遠離攻擊性武力。從這觀點來看，必須找到能長時間燃燒的材料。瀝青在古典時期很容易取得，尤其在中東；人們將它塗抹在箭上，甚或浸入布料後包裹於投射器外再向敵人發射。據稱，早在西元前九世紀的亞述人便已開始使用這類型的武器，而西元五世紀的記載指出希臘人會使用能噴出大火的管子。如我們所知，羅馬皇帝塞提米烏斯．賽維魯斯打造了一座以瀝青或石油為燃料的浴池，因此當時這類材料肯定能用於作戰。在西元六七〇年左右，被圍困在君士坦丁堡的希臘人使用了某種易燃液體來製造所謂的「希臘火」。可惜的是，我們至今仍不清楚它的成分究竟為何；有人認為它是石腦油和生石灰（或者其他成分）的混合物，而且它可漂浮在水面上繼續燃燒。木炭在古典時期已為人所知，而易燃液體是木炭製程中的可能副產物之一，因此可能是這種材料的來源。

因此，火是一種能摧毀對手的手段，特別是以燒毀人民的居住區域、行政管理和文化中心等建築，譬如寺廟，就像希臘人摧毀特洛伊時那樣。我們可以想像在幾千年前，當一座城市遭洗劫後最終往往難逃遭祝融燒毀。然而，要從考古紀錄中區分出火災是因意外而失控蔓延，或是由進攻的敵人刻意縱火所引發，正是難題所在。

火在陸地上是一項有利的武器，不過，它也能在海上使用：將燃燒的拋射體從一艘船投擲向另一艘，加上早期船隻使用具防水效果的材料和瀝青，使得它們面對火攻時極為脆弱。

隨著中國發明了火藥，火應用於武器上發生了重大變化；劍橋大學的李約瑟（Joseph Needham）在他對中國科學和文明的不朽著作中記錄了這一點。火藥是木炭、硫磺和硝酸鉀（又稱為硝石）的混合物；其中木炭和硫磺是燃料，而硝酸鉀則為氧化劑。火藥不僅會產生熱能，也會產生大量可作為推進劑的氣體。雖然火藥的發明起源於在西元七世紀的中國，但直到十三世紀才傳播到歐洲，並在武器的應用上得到更充分的發展。儘管大眾將火藥視為一種作戰用的材料，但它最初其實是為醫藥目的而開發的。

直到十六世紀後期以後，火藥的使用技術才變得更加普及。在十九世紀後期，人類研發出烈性炸藥，例如黃色炸藥以及含硝酸銨和燃料油的混合物。

到了二十世紀，人類設計出更多樣的爆炸性材料與技術，以及運送破壞性物質的方式。最初人們僅使用簡單的手槍或步槍，以及將爆炸性材料作為推進劑的大砲；但二十世紀也發展出爆炸性砲彈，以及大量能讓火有效蔓延的裝置。

接著，飛行器成為散佈炸彈的裝置，進而引燃建築物的重要手段，特別是利用燃燒技術航行的飛機。這種方式不僅具破壞力，還能牽制忙於滅火的人力，也會造成人們心理上的衝擊。在第二次世界大戰期間，倫敦和考文垂等城市遭到轟炸便是如此；更有甚者則為一九四五年盟軍對德國德勒斯登的燃燒彈轟炸。

隨著燒夷彈的大量使用，燃燒性化學物質也被廣泛使用。燒夷彈發明於一九四二年，但在一九六〇和一九七〇年代，美國才用於越戰中。燒夷彈是一種高度易燃的黏性膠狀物，被使用於燃燒彈與火焰噴射器（圖 16）——這在二十世紀的使用日增，無論透過人為操作或機

圖16｜火與戰爭：火焰噴射器的當代使用。

械化運輸。燒夷彈是由增稠劑和膠凝劑的混合物組成，其中包括環烷酸和棕櫚酸共沉澱的鋁鹽，以及汽油（petrol或gasoline）或柴油燃料等揮發性石化品。事實上，軍用火焰噴射器也應用於森林火災管理，而滴灌火炬（drip torch）、直升機火炬（heli-torch）以及地面火炬（terra-torch）等地面型裝置所使用的凝膠燃料實質上即為燒夷彈。

火也能用於摧毀一個國家的經濟、人民和基礎建設。或許最典型的案例為：一九九一年第一次波灣戰爭期間，薩達姆・海珊指揮的伊拉克軍隊從科威特撤退時，放火焚燒油井以作為其焦土政策的一部分。這個舉動造成了政治、經濟和公眾宣傳上的影響。由於伊拉克聲稱對油田的所有權，透過摧毀油井的手段傳遞了兼具政治意涵與經濟意涵的訊息。此外，伊拉克放火焚燒油田的舉動不僅阻止科威特使用石油，也迫使其耗用寶貴的資源滅火。火災所產生的煙霧非常醒目，這證明了軍隊焚燒超過七百多口油井所造成的浩劫性破壞；而撲滅那些火勢耗費了長達七個月以上的時間。

第四章

遏止和撲滅火勢

世界各地有不同的氣候和不同的植被種類，而且他們存在著某種關聯。我們會以熱帶雨林（tropical rainforest）、溫帶森林（temperate forests）、北寒林（boreal forests）、稀樹莽原（savanna grasslands）等用語來稱呼它們，但如同它們的名稱，這些生物群落（biomes）擁有各自的植物群落；同一群落中的植物不僅具備能適應其生存環境的共同特徵，同時也順應著周圍共同的物理氣候而演化，而不同植物群落對火災的敏感性也各不相同。在某些地區，例如熱帶雨林，由於火災不常發生，植物對火非常敏感。相反地，在冬季潮濕、夏季乾燥又漫長的地中海型氣候地區，由於經常遭遇火災，使得許多植物均已適應了熾熱的範式。這種氣候型態除了出現在地中海一帶，也可見於美國西部、部分的南美洲（如智利）以及部分的澳洲和非洲南部等地區。然而，從一個生物群落到另一個生物群落的變化可能發生在相隔僅數百公尺遠的距離內，而且一個地區可能同時存在數個生物群落。由於不同生物群落的可燃性各自不同，未必都需要火燒，這使得滅火政策的制定變得很複雜，也難以被大眾理解：為什麼某個地區的火災要強力撲滅，而在另一個地區卻允許燃燒呢？

地景火災

隨著撲滅地景火災的成本在過去十年間螺旋式飛漲，我們需要思考是否所有的野火均有害而必須撲滅。舉例而言，美國在滅火的花費持續增加，如今已占聯邦政府林業局年度預算的50%。為了撲滅加州洛杉磯北部的托馬斯山大火，僅在二〇一七年即耗資一．七七億美元；這場火災不僅威脅、甚至摧毀許多住家，其中包括幾位好萊塢明星的房屋。

在做滅火相關決策之前，我們得先對火災的形成與蔓延有更深入的了解，接下來才能從這兩個面向預測火災，並制定適當的策略。火行為（fire behaviour）與生物群落的性質密切相關，但人為因素也會改變我們介入或撲滅火災的方式。

在一九五〇年代初期，在洛磯山森林北方從事火場研究工作的傑克・巴洛斯（Jack Barrows）將火行為表述為——燃料點燃、火焰形成、燃燒蔓延並展現其他相關現象的過程。他舉出在實務中預測或預報野火行為的五個步驟：基礎知識、森林知識、輔助工具與指引、情勢判斷／評估，以及決策。

作為第一步驟「基礎知識」的一部分，我們需要先了解燃燒的基本原理。我們已從火三角原理中了解火的三大要素：可燃物、熱源和氧氣的可用性。接著，我們可進一步延伸這個概念，將燃燒過程分為四個階段：第一階段為預熱（pre-heating）或預燃（pre-ignition combustion）階段，意指未燃燒的燃料受到前行火鋒的熱能而發生變化。熱能會去除燃料中的水分並提高溫度使之達到燃點（ignition point）。在此階段，植物組織中的纖維素開始分解，並釋放出可燃氣體。

第二階段是火焰燃燒（flaming combustion）階段。此階段釋放出來的可燃氣體與大氣中的氧氣混合並發生氧化反應；它本質上是一個放熱的化學連鎖反應，會產生熱能和光。

第三階段是悶燒（smouldering combustion）階段，它比一般所認知的更為重要。這個階段的燃燒反應靠著低熱能維持，氧氣會直接衝擊固體燃料，沒有火焰生成。在此階段，易燃氣體和其他揮發性蒸氣持續地以可見煙霧的形式逸散到大氣中。

最後一個階段是熾熱燃燒（glowing combustion）階段。到了這個階段，大部分的氣體都已經被祛除，但高含碳燃料會持續氧化並產生大量的熱能，此時只會看到餘燼而沒有火焰。這種燃燒形式很常見於一般烤肉時的木炭燃燒。

雖然從第一原理中，可以清楚地看出火燒是如何開始的，但我們還需要顧及火是如何蔓延的，因此，不僅要考慮熱能的傳遞，還要理解不同的蔓延方式（圖17）。這就是所謂的「森林知識」。在討論火的蔓延時，通常會以火的頂端或前端、側面以及尾端或後端來描述

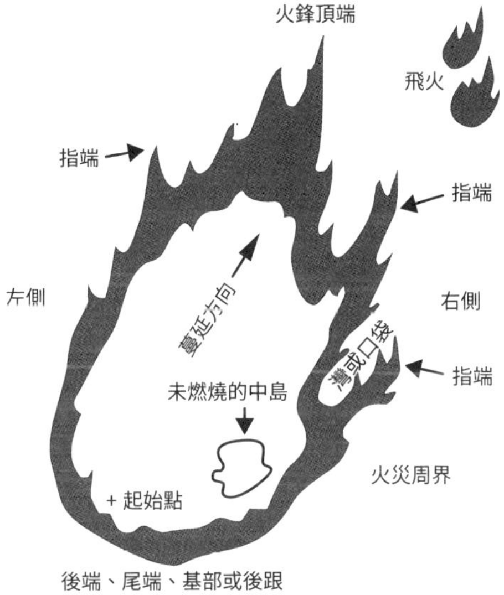

圖17｜野火蔓延的幾何圖形。

火的不同部位，而火的不同部位各有不同的特性。「火源周界」（fire perimeter）一詞是用來描述火災或燃燒區域的邊界或外緣，不過火源周界內也會存在未燃燒的「中島」。此外，隨風飛揚的「飛火」可能會被吹到主火鋒前面，而且依植被性質和盛行風的條件，甚至可達數公里遠的距離。

在所有與火相關的討論中，火的存在始終需要三大關鍵要素：首先，燃料一定要足夠，而且必須在適當的尺寸大小和排列下才能燃燒；其次，燃料必須足夠乾燥才能使燃燒反應蔓延；此外，還必須包括另一項充分條件：點火劑。最後這一項條件通常也是新聞報導重大野火時唯一關切的因素。

從經驗中可知，有連續的表面燃料層對於火勢的蔓延相當重要。表面燃料層可以是乾燥的針葉或其他的葉子、樹枝，尤其是乾枯的草。我們已經看到乾燥的草如何用來點火，因此這個元素應該不令人意外，只不過經常被忽略。此外，燃料也必須是乾燥的。水分含量非常關鍵，而且實地實驗結果顯示，燃料的水分含量必須低於30%（但在快速蔓延的樹冠火中，即使水分含量高達100%的活體植被也照樣能燃燒起來）。

燃料的主要點火源有兩種。第一種、也是最顯而易見的，是雲對地雷擊。全球每天都有數百萬次的雷擊發生，但顯然並非都會導致火災。第二種，也是某些地區最主要的點火源，即為人類活動。火災可能肇因於意外或粗心，例如遭人丟棄的香菸、被遺棄的營火，或者單純因電源線的火花或電器故障而引發，這也是燒毀天堂鎮的加州「坎普大火」（Camp Fire）[5]的起因。拋棄式燒烤爐則是另一種常見的點火源。此外，人類活動也包含縱火行為。例如，南威爾斯大多數的草原火災都是因縱火而起，而且經常是年輕人造成，特別是在放假期間。過去五十年來，火災起因的調查鑑識有非常重大的進步。

然而，火要開始燃燒並且蔓延，很顯然必須要滿足兩個基本要件。首先，無論火燒是如何開始的，前提為在火焰前緣（flame front）抵達之前，必須先有足夠的熱傳遞到易揮發的植被，讓它變乾並達到點火溫度（圖18）。如果沒有，即使閃電擊中了一棵樹，火勢也不會蔓延。其次，必須有足夠的燃料可以消耗，才能產生移動的火焰前緣。眾所皆知的是，熱能在系統中可透過對流、輻射和傳導的方式傳遞。這些熱傳導方式在面對建築物火災的問題時也很重要。

5　編按：坎普大火或稱營溪大火，名稱取自於位於營溪路（Camp Creek Road）的起火點，媒體多採音譯。

圖18｜野火蔓延的速度。從左上角到右下角照片的時間經過105秒。

火、天氣和氣候

如果野火的基本要素之一是待燃的燃料，那麼該燃料的「狀態」即變得至關重要。無論燃料本身是活體甚或死亡狀態，其水分含量愈低，要達到引起火燒與蔓延的燃燒點的可能性就愈高。「氣候」和「天氣」兩者在有利於野火蔓延的條件上皆扮演著要角。在氣候方面，高溫較有利於燃料變乾燥。然而，這項因素並不如旱季時節的長短來得重要；否則我們也不會預期阿拉斯加或北歐等北方地區如此頻繁地發生火災。此外，即使乾旱時期很長，這些地區也未必都會出現火燒活動，尤其是在燃料不足的情況下。

即使氣候條件有利於火災頻繁發生，但天氣狀況也同時扮演了重要的角色。在眾多相關的天氣要素當中，最不顯著卻扮演最重要的角色之一應該是大氣的濕度（通常稱為相對濕度），因為就算沒有降雨，但中度或高度的大氣含水量會降低燃料的乾燥速度。此外，第二個因素是溫度：隨著溫度的升高，燃料的水分流失速度也會增加。雲層的情況在此也會造成影響，因為它往往可以減緩升溫並降低燃料的乾燥速度。第三個同時也是極為重要的因素，是風速和風向。風在加速燃料乾燥以及火災引發後的蔓延這兩方面皆扮演著關鍵角色。風本身是一般大氣中不穩定的因素之一，它可能會導致亂流和暴風雨，引起雷電（即為點火源）。一九八八年發生於黃石公園的許多野火都是由閃電所引起的，而當時加州的聖塔安娜風[6]成為野火在該地區迅速蔓延的助力。

即使所有的天氣狀況和點火源皆符合起火條件，但若缺少足夠且適合的燃料，火燒也不會發生；不過，燃料的性質也可能受許多因素而改變。舉例而言，多年的乾旱會對地表燃料和活體植被都造成影響。此外，樹皮甲蟲等昆蟲的侵襲會殺死許多樹木，進而增加了分布面積廣大的乾燥燃料。這些乾燥燃料可能又會受到各種病原體的感染，而這些病原體本身就是由昆蟲所傳播的。除此之外還有一個令人料想不到的因素：先前發生過的火災可能造成許多樹木死亡，造成乾燥燃料積聚。這即是為什麼以為發生過一場火災的地方不會再發生下一場火災的觀念是錯誤的。許多大火恰恰發生在不久前才燃燒過的地區，因此在考慮火災後重建時必須將這一點謹記在心。

---

6 編按：聖塔安娜風（Santa Anna winds）是在秋季和初冬出現在南加州季節性強風，起源於內陸，經內華達山和洛磯山脈，是強烈且非常乾燥的下坡風（焚風）。

以上探討的各種面向都促成了火災天氣和火災預報的觀念構建，同時也開始發展出策略燒除的計畫。

燃料

我們通常認為所有的燃料都是一樣的，但事實上種類不同的燃料其可燃性也有差異。這一點其實可從嘗試生營火的經驗中得知：要把一大塊木材點燃，就算並非完全辦不到，實際操作起來仍極為困難。凡是參與過童子軍或擔任過嚮導的人，會知道要先收集容易點燃的乾燥樹葉、樹枝或乾草等組成引火物，並且只有在成功將其點燃後再將較大塊的乾燥木材放入火中，才能使火燃燒起來。燃料的性質不僅會決定能否成功起火，還會影響燃燒的規模和實際達到的燃燒溫度，而這也會對土壤和火燒過後的植被恢復造成衝擊。這引發入侵草種或外來草種的問題。草的生長和蔓延速度非常快，適合作為動物飼料，這也是人類種植大量草類的原因。然而這些草在乾燥狀態會形成大量的燃料負荷，從而改變火燒的性質，使之擴展得更快，而且某些情況下還會提高燃燒溫度。

我們想得到的燃料可依其分布位置分為四類。最重要的是「地表燃料」(surface fuels),因為它們導致著火和初始擴散的機率最高。地表燃料由死去的植物凋落物組成,包括枯枝落葉、禾草和草本開花植物,以及樹苗、殘幹、灌木和倒下的樹幹等。在遭人為砍伐的林地,地表燃料也包括劈砍下來的成堆木材。此外還有「地面燃料」(ground fuels):它們指的是富含有機物土壤的物質,例如泥炭、腐爛的木材和樹根。

最令人意想不到的燃料是「階梯或橋樑燃料」(ladder or bridge fuels),它們連接了地表燃料和構成第四類燃料的「樹冠燃料」(crown fuels),並經證實為非常重要的燃料複合體(圖 19)。橋樑燃料包括攀緣植物、高大的灌木、樹枝和片狀樹皮、斷枝和垂掛的苔蘚。樹冠燃料是構成樹冠層的物質,主要包括活體和已經死亡的樹葉、針葉和小樹枝。如果樹冠之間的連接適於燃燒,火焰便可順利從一樹冠延燒到另一樹冠,而這種樹冠火傳播得比地表火更快。此外,這種火燒所產生的對流還會吸入周圍的空氣,使火勢變得更加猛烈。火燒所製造的

圖19｜階梯燃料。

煙霧和對流羽流（convection plume）還會將燃燒餘燼沿著主火移動的順風方向輸送，從而產生以飛火形式出現的新的點火，有效地擴大主火的面積。

除了火燒的位置以外，燃料的尺寸、形狀、密度、總負荷及燃料元素中的活體／死體比例等也都對火燒的形式與蔓延扮演一定角色。當然，燃料的狀態有季節性的變化，例如活體和死亡物質的相對比例、水分含量以及可阻擋地表火蔓延的燃料不連續性〔Box 3〕。

BOX 3

為什麼物種很重要？

我們傾向於認為特定的植物或燃料類型容易著火的程度相差不多。然而，特定植被或燃料複合體的組成也很重要。舉例來說，我們發現主要由大面積的針葉樹組成的北寒林，這個生態群系中的燃燒歷史和對火災的敏感性有很大的不同。最近的研究顯示，北美洲和歐亞北寒林的樹種組成的差異可以解釋其火災的差異。因此，舉例而言，北美洲北寒林的火災往往是高強度的樹冠火。這些森林許多都以一系列特定的針葉樹為主，包括黑雲杉和北美短葉松。相反地，歐亞大陸的北寒林火災，森林以雲杉、歐洲赤松和落葉松為主，往往是低強度的地表火，所造成的影響較不嚴重。這就是為什麼若政治人物以為一個地區的火災發生和控制方法必然適用於另一個地區是錯誤的。

地形

前面我們已經提過火三角，然而，火災管理者和科學家所使用的則是另一個火三角，亦即火環境三角（圖5）。前面我們已經討論了它的兩個邊：燃料和天氣，而第三個組成要素則為地形，它在火勢蔓延的過程中扮演重要角色（圖20）。影響火行為的地形因素不僅包括該處的海拔高度，還包括斜坡的陡度、坡向、區域的形狀，以及是否有阻擋火勢蔓延的天然和人為屏障存在。以上都是監控和預測火燒蔓延的方向與速度的重要因素。此外，這些地形因素在某種程度上也會影響潛在燃料的性質和天氣，例如，降雨往往會發生在斜坡的某一面、盛行風的風向會取決於地勢走向，這些都顯示天氣會因地形而異。地域性的氣候效應會決定氣溫、相對濕度、風速、風向以及降雨等各種變因，進而對植被造成影響，包括物種組成以及所形成之燃料複合物的性質。舉例而言，高海拔處被積雪覆蓋，春季融雪會決定火災季節的長度，這同時也取決於燃料乾燥所需要的時間長短以及禾草燃料何時成為易於燃燒的狀態。

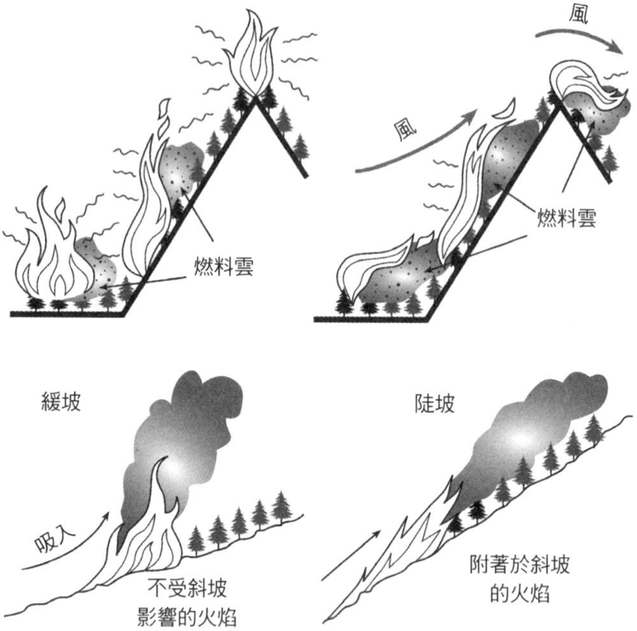

圖20｜火燒和地形。

接下來我們要探討火災行為如何受到這些不同地形因素所影響。坡面傾斜角度增加的結果是：沿坡向上的火焰前方的燃料會暴露於逐漸增強的對流和輻射熱，進而提升其乾燥效果，並使火燒的傳播速率變得更快。此外，海拔高度也扮演一定的角色：隨著海拔高度增加，天氣參數也隨之變化：通常溫度會下降，而相對濕度會上升；許多情況下，降雨也會隨著海拔的升高而增加，從氣候學的角度來看，這共同導致了死體燃料濕度的增加。

地勢的形狀也會對火燒造成影響，狹窄的溝壑或峽谷會產生煙囪效應，而增強的上坡氣流會助長飛火發生。火勢的蔓延最終會因天然的或人為的屏障而遭阻斷，這些屏障包括水體、岩崩和裸露的礦質土壤地區（例如農田），甚或是人為設好的防火線（fire-break）或一條道路。不同類型的防火線對火勢蔓延的阻斷效果不同：在某些情況下，即使是寬闊的防火線也可能照樣被火跨越而繼續延燒。反之，科羅拉多大學波德分校的珍妮佛．鮑爾奇（Jennifer Balch）指出，對於亞馬遜雨林中那類燃燒緩慢的地表火，就算是螞蟻排列形成的迷你小徑，也能發揮有效的阻斷作用。

火災環境的監測

野火發生機率的預報和預測並非易事，因此還需仰賴傑克·布洛斯（Jack Burrows）所提出的第三個步驟——「輔助工具與指引」。世界各國已開發出各種輔助工具和指引以提供協助。然而，儘管有些在某個地區適用，但在其他地區卻可能需要開發新的輔助工具和指引。這當中需要考量的變因非常多，而且地球上不同植被類型的不同地區所需要的方法也不同。因此，例如為加拿大或美國所開發的火災警報系統，就未必適用於澳洲、西班牙或英國。

一旦開始燃燒，許多因素都會影響火行為的預測。幸運的是，現在已有許多方法可監測活躍的火災，不僅從陸上和空中，還可透過衛星監測。以先進運算技術來統合詳細的全球定位系統（Global Positioning Systems，簡稱GPS）、光達（Light Detection and Ranging，簡稱LIDAR）以及可見光遙測（optical remote sensing）的詳細資料，有時甚至能近乎即時地追蹤火災的發展。此外，現在還能將即時數據輸入系統中以預測火災發展。然而，即便具備這樣的功能，萬一輸入的數據有誤或者火災行為建模有誤，仍然無法藉由預測系統準確地預測火災行為，而這對大眾和救火員可能帶來災難性的後果。

野火的行為

野火行為可以各種方式描述，例如冷與熱、輕微與嚴重，這樣的形容在本質上較偏質化而非量化。其他的描述性術語，如悶燒的、緩慢行進或奔馳的、噴火的和飛點狀等形容詞也很常用。但無論使用何種術語，所有的野火都會展現這些基本特性：蔓延、消耗燃料並產生熱、光和煙霧。

野火可透過多種不同方式傳播，無論是以地面火或地下火、地表火或樹冠火（圖21）。它們之間的區分很重要，因為即使樹冠火或地表火已被撲滅，但在地下、通常為悶燒的地下火卻能在主火看似熄滅後仍繼續燃燒，並爆發成新的地表火或樹冠火。在許多森林植被類型中，上述三種類型的火災可能同時發生，但卻需要使用不同的方法撲滅。火災從點火源延燒出去的方式，會

(a)

(b)

圖21｜從地表火到樹冠火。(a) 稀樹莽原的地表火；(b) 在階梯燃料燒起的情況下，地表火轉變為樹冠火。

受到它如何從單一的火源點（例如閃電或營火）或火源線（例如策略燒除時的刻意點火）開始而影響。正如前文所述，燃料的類型和狀態、地形特徵、尤其是天氣狀況等因素的變化，都可能使火災的蔓延變得很複雜。儘管人們為撲滅大火付出許多努力，但火勢的終止反而經常是因為天氣變化，例如風速和／或溫度的驟降、相對濕度的增加或者降雨。

在將我們所有的基礎知識和森林知識都列入考量，並運用我們手邊能掌握的所有輔助工具與指引後，我們需要評估火災造成的危險，以決定最適合的滅火方式，甚或要讓它繼續燃燒。因此，火災類型的區分對於決定如何應對火災，甚或第一時間是否要救火，是非常重要的。許多地表火是低溫的且移動緩慢。火線強度（fire-line intensity）的正式定義為——在單位時間內單位火鋒長度消耗燃料的產熱速率，它實際上可透過結合火勢蔓延和燃料消耗的速率來估算。移動緩慢且地表燃料消耗量少的地表火與燃料消耗量大的地表火，兩者的火線強度並不相同。這點非常重要，因為常態性的地表火能減少地表燃料負荷，並防止未來更高強度的火災發生。這是因為強烈的地表火可能會引發樹冠火，而其取決於葉面濕度、樹冠底部高度等多項因素。一旦發生樹冠火，它會與地表火分離，並可能演變成更加危險的局面，例如飛火的增加，以及植被整體的破壞。

此外，若有空氣吸入火中，將導致火燒突然擴張（爆炸），甚至形成「火龍捲」等極端的火災行為。

火災蔓延速率取決於植被性質、火災類型，特別是風速。有些情況下，火鋒可短暫地以每小時三十公里的速度前進，不過大多時候還是依循10%規則，亦即火燒的移動速率約為風速的10%。根據記載，在風的驅動下，某些森林野火曾在十小時內往單一方向延燒六十五公里以上的距離。對於火災發生前的居民疏散規劃者而言，這些知識非常重要。

野火的預防和撲滅

在許多生態系中，野火是一種自然現象。事實上，氣候和植被這兩項因素的組合，確實可使某些生態系變得特別易燃。因此，我們不應該將所有的火災視為「有害」而必須撲滅。在某些森林生態系裡，頻繁的低強度地表火能減少地表燃料負荷，進而防止更危險的樹冠火發生。某些情況下，人們還會刻意放火引發地表火，這種做法也在世界各地一些原住民族群間施行已久。在其他文化中，策略燒除是為了預防更危險的火災所採用的方法之一。然而，這個做法並非毫無風險——因為火燒可能會從原本受管控的策略性地表燃燒「逃脫」轉而成為失控的野火，尤其如果天氣無預警地突然改變。策略燒除其實是土地管理者對抗野火的重要武器，但令人遺憾的是，人們對它的誤解導致社會大眾和政府在某些情況下拒絕採納這種施行方式〔表4〕。

當我們在考慮如何撲滅野火時（如果打算採用策略性燃燒，只要在不危及人口群聚中心和珍貴公共建設的前提下，「就讓它燒」實則為最好的策略），勢必運用對野火行為的所有知識，才能適當評估控制和撲滅火勢的難度，並決定所需的設備和人力。

滅火方式的選擇取決於火災行為的預測結果。火災行為預測模型的複雜度各不相同，必須仰賴從化學和物理學、結合實地觀察以及從實驗室研究所獲得的知識；

表4｜人類對火的影響

火燒變因	自然影響	人類影響	火災範式參數
風速	季節	氣候變化	火勢蔓延
	天氣	土地覆蓋變化	
	地形		
	土地覆蓋		
燃料連續性	地形種類（坡度、岩石、坡向）	人造障礙（道路、燃料中斷）	
		棲地破碎化（田地）	
	河川和水體	外來草種	
	季節	土地管理（斑塊式燃燒，燃料處理）	
	植被（種類、年齡、物候學）		
		滅火	
燃料負荷	樹、灌木和草的覆蓋	放牧	火災強度和嚴重程度
	自然干擾（例如昆蟲或霜損、風倒）	木材砍伐	
		外來種族群建立	
	植食性	滅火	
	土壤肥力	燃料處理	
	季節	土地利用與土地覆蓋（毀林、農業、人工林）	

火燒變因	自然影響	人類影響	火災範式參數
燃料濕度／含水量	季節	氣候變遷	
	前期降水	土地管理（伐木、放牧、斑塊式燃燒）	
	相對溼度		
	大氣溫度	植被類型和結構（物種組成、覆蓋、植株密度）	
	土壤濕度		
點火	閃電	人類族群量	火燒次數和時空分布樣態
	火山	土地管理	
	季節	道路網絡 縱火	
		時段／時刻	
		季節	
		天氣狀況	

資料來源：Bowman, D.J. M. S., Balch, J., Artaxo, P., Bond, W. J., Cochrane, M.A., D'Antonio, C.M., DeFries, R.,Johnston, F. H., Keeley, E., Krawchuk, M. A., Kull, C. A., Mack, M. Morizia,M.A., Pyne, S. J., Roos, C. L., Scott, A. C., Sodhi, S, and Swetnam, T. W., 2011. The human dimension of fire regimes on Earth. *Journal of Biogeography* 38, 2223-36. Table 1. Blackwell Publishing Ltd.

有些模型甚至還將大氣過程納入其中。之後，再根據模型的預測結果，選擇使用一種地面滅火方法，並加上從空中「轟炸」的方式。

此外還要建立物理性的防火線，或者在火災發生前先以可控的火燒來減少燃料負荷。然而，儘管做出了所有這些人為努力，但要撲滅大火可能還需要看天氣碰運氣，就像一九八八年的黃石公園大火一樣。

當火災威脅到生命和財產時，「施行方式」理當為重要抉擇之一。這也把我們引導到接下來的重要議題：在易燃生態系和林野－城市交界處的建築問題。

野火和城市人口

在面對林野地區或鄉村環境中的火，人們的態度可能因文化、歷史與經驗而有別。在某些林野地區，火燒往往已被視為自然環境的一部分；而在有些地方，人們規律地運用火燒也已成為這些地區生活常態的一部分。這在歷史上可從美國西南部某些地區的美洲原住民或澳洲原住民所謂的「火炬文化」中見到；即使在如歐洲等已開發國家，火燒在歷史上也一直在各種農業形式中扮演重要角色。因此，火在許多地方均被視為人類與自然共生的重要部分。然而，在較接近市中心的地區，首要的考量反而是火的破壞力；在這種情況下，火往往被視為敵而非友，除非它處於受控狀態。與上個世紀相較，這種經驗與態度的對比顯得更加鮮明。

在探討近代野火史的系列書籍中，亞利桑那州立大學的史帝芬·派恩（Stephen J. Pyne）創造了「火生態轉變」（Pyric Transition）一詞來描述工業化之後人們對火的態度轉變。數世紀以來，火一直被認為是自然環境的一部分，並且受到鄉村居民的操控。然而，隨著人口增長和城市擴展，人們對火的觀念發生了重大改變，並開始產生分歧：鄉村居民將火視為自然地景的一部分以及農業上土地管理的利器，而城市居民則將火「裝箱」成為其熱與能源的供應來源。這造成林野－城市交界處（更貼切的術語為英國所稱的「鄉村－城市界面」）的緊張局勢加劇，因此現在我們看到敘述的轉變。因為城市中的火燒都是必須排除的，所以城市居民越來越誤解傳統觀念裡的地景與牧場火燒、甚或農業火燒〔表5〕。

人類對火燒態度轉變產生的後果比乍看之下要深遠得多。當人們不斷地宣揚滅火的重要性和必須限制策略燒除的觀點，產生某些意想不到的後果。而與火失去連結的人把這種態度轉變從城市帶回鄉村。

當人們搬到更偏僻（通常是森林）的地區，卻對火災的發生和表現方式缺乏充分認識，問題便會浮現。這樣的遷徙是可以理解的：因為我們前所未有地渴望被大自然包圍，而且事實上我們確實被鼓勵在城市中種植樹木。然而，即使是居住在加州和澳洲某些易燃生態系統中的居民，也未必完全了解野火的發生原因。有幾個面向是我們需要注意的。

在某些地區，野火是一個永遠存在的現實和危機；即使是近期才剛發生過火燒的地區亦然，因為火災過後倒下的死體燃料堆積，以及入侵草種蔓延生長。此外，我們同時也面臨著氣候變遷（無論原因為何）所帶來的挑戰。即使是旱季的小幅延長或春季融雪時間的提前，都會衍生額外的問題。

此外，野火燃燒的速度亦不容小覷，尤其在風的驅動下會急速蔓延。火燒還會有餘燼飄飛，在距離主火鋒

表5｜在工業時代前後被改變的火災範式

生態區系	工業時代前之火災範式	工業時代後之火災範式
熱帶雨林	很頻繁、低強度之地表火，對於長時間的生物多樣性的影響幾可忽略	頻繁的地表火及森林清空效應，造成了可燃燒的草原或者農業用地
熱帶稀樹莽原	在乾季有頻繁的火災，造成樹木密度的空間異質性	因為重度放牧造成火災減少，使得木本種類的補充增加
中緯度沙漠	濕季過後不頻繁的火災使得燃料可以累積	因為外來種可燃草本引入，造成頻繁的火災
中緯度北美季節乾林	頻繁的低強度地表火限制樹木的補充	火災的抑制造成高密度幼木及低頻率高強度的樹冠火
北寒林	不頻繁的高強度樹冠火造成整個森林植株的替換	高強度野火增加，加上全球暖化，造成土壤碳流失以及轉變成無樹植被狀態

資料來源：Bowman, D.J. M. S., Balch, J., Artaxo, P., Bond, W. J., Cochrane, M.A., D'Antonio, C.M., DeFries, R.,Johnston, F. H., Keeley, E., Krawchuk, M. A., Kull, C. A., Mack, M. Morizia,M.A., Pyne, S. J., Roos, C. L., Scott, A. C., Sodhi, S, and Swetnam, T. W., 2011. The human dimension of fire regimes on Earth. *Journal of Biogeography* 38, 2223-36. Table 2. Blackwell Publishing Ltd.

數公里之外的地方造成新的火災。這個現象從衛星或太空站影像可很明顯地觀察到。

規劃逃生路線在火災好發地區極為重要，而且不應僅限於單一通道或行進路線。最近的許多場火災都顯示出缺乏逃生規劃與警覺性所造成的危害，例如加拿大的麥克默里堡大火和葡萄牙的火災，許多人喪命於逃生途中。火的移動速度快得出乎意料，這表示人們逃離火場的時間點太遲。有些為保護家園而留下來滅火的人也低估了野火的本質〔Box 4〕。

在許多容易發生火災的地區，建築物是由易燃性材料建造而成，而且樹木就緊鄰在旁。即便使用了阻燃性建材，火也可能順著通氣口隨風進到建築物內。這些問題促成了美國的「Firewise」和加拿大的「FireSmart」運動（甚至還推廣到其他國家），警惕人民和社會必須注意在易燃植被環境中的建造和生活問題。

即使有些人並不認為自己生活在火災好發氣候的易燃植被環境中，但氣候本身的改變可能致使某個原本火災罕見的地區突然變為火災頻繁發生。英格蘭南部的薩里郡即是這種情況：位於倫敦南方的薩里郡是英格蘭

BOX 4

火災中的存活

雖然城市火／建築火與野火／地景火之間有許多相似之處，但是他們相異之處也不少。

除了悶燒以外，大部分的火災都有火焰，但是不管是城市或者市郊火災，火焰都並非致死的主要原因。火災三個主要的致死因素是煙霧、熱以及氣體。因為建築物內部空間狹小，煙霧、熱以及氣體的問題在建築火中遠比地景火嚴重。氧氣是燃燒所不可缺少的，但是在火場中即使氧氣因為燃燒而濃度降低，通常可以快速獲得補充。窒息是另外一個嚴重問題，在許多火災場景中都造成嚴重的問題，然而比窒息更嚴重的可能是吸入超熱氣體，這在兩種火災中都很嚴重。雖然地景火中的煙霧並不含有毒化合物，但是建築火則可能因為建材或者塑膠的燃燒而產生有毒氣體。

早期預警系統，譬如火焰或煙霧偵測器以及灑水器可能有效防止都市火災中人員的重傷或死亡，但是在鄉野中，警報或者自動滅火系統並不存在。人們只能依賴經驗、感覺、知識或者技能去提供可能造成人員傷亡的早期警報。

在都市或者建築群中，要從火災中存活主要依靠危機的分析和預防措施的到位，但是居住者需要保持對所有預警與防範措施的警覺。在所有狀況下保持冷靜很重要，並且可以幫助當下做出好的決斷。認知到當下感受到的壓力，恐懼是一種自然的反應。

加拿大森林服務署的馬蒂・亞歷山大（Marty Alexander）提供多年的火災倖存與野火關注指引。人們確實可能從野火中逃脫，但是卻往往無法達成。但只要我們無時無刻遵循四項簡單的理論，就可以幫助我們降低在火場中死亡的機率。

令人驚訝地，可能最重要的建議是保持冷靜以及不要恐慌。第二則是選擇不會燃燒的區域並且盡量擴大這個區域，在這個區域中盡量減少可燃燒的材料。一個淺坑可能就可以提供這樣的微環境而達成效果。第三是保護自己免於由火焰散發出的輻射以及對流熱。使用石塊壘成護盾、露出地面的大石頭或者地上的倒木等都可以當作屏障。第四點是隨時保護自己的呼吸道避免受到熱氣的傷害，並且避免吸入濃煙。保持低姿態，並且用潮濕的衣物覆蓋臉部可以避免將熱氣吸入肺部。

如果遇到火災時在空曠處而無法找到庇護所時，有四個基本的技巧可以使用。第一個是從火場往安全的地方撤離，往低處跑通常比較好。第二個是燒出一個安全區，第三是蹲下來，而第四個則是穿過火線突進到已經燒過的區域。這聽起來很令人恐懼，但在某些情況下可能可以提供比較好的存活機會以逃離火場。

林木覆蓋最多的郡，萬一發生大規模的森林火災必將是一場大災難。在如此高風險的地區，即使是小規模的火災，也可能釀成嚴重災情。

當對城市火災有成見的都市人遷徙到鄉村時，還會出現另一個問題：所有的野火都會被視為是有害而必須撲滅的。於是，「滅火」成為新的常態，而策略燒除也被全面禁止。在某些情況下，這會導致燃料積聚，因此當終有一天火災發生時，它會變得更加嚴重。因此，關鍵在於，當世界不斷地在改變的此刻，我們對火的態度也需要隨之調整。

建築物火災和都市火災

無庸置疑的是，不受控制的火燒絕對是必須從建築物中排除的（圖 22）。在過去，建築物火災是一種無時無刻不在的危險，因為建築物主要由易燃材料建造，包括木材、茅草，甚至是紙，例如日本的房屋。而且這些建築物均是以明火和蠟燭照明與提供熱源，很容易因為打翻燃燒中的蠟燭而引起火災。人類在很長一段時間中缺乏系統性的撲滅方法，只要火一旦開始燒就很難撲滅。

而難以滅火的結果就是，在人口中心，火很容易從一棟建築物延燒到下一棟，最終釀成嚴重的災難，例如西元六十四年的羅馬大火、一六六六年的倫敦大火和一八七一年的芝加哥大火。這種無時無刻存在的危機，也促成各式滅火技術的發展。首先是建築材料的改良，採

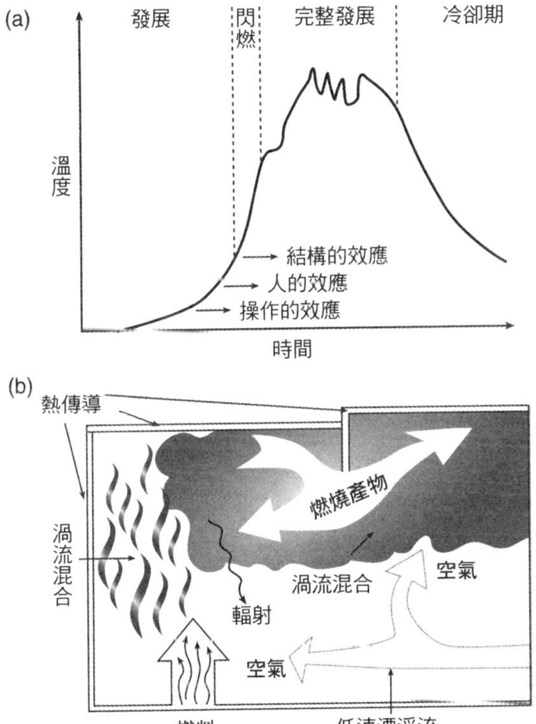

圖22｜建築物火災。(a)室內火的時間與溫度發展；(b)室內火的組成。

用防火門等等。然而，儘管人們在這方面已做了許多改善，火災終究是一個重大威脅。第二項進步是將明火圍住——使人遠離用於取暖和烹飪的明火，更重要的是移開照明用的裸焰蠟燭（即使在提倡防火優先的第一世界國家，火災風險仍因裝飾用蠟燭與香菸的持續使用而繼續存在）。然而，對世界上某些地區而言，在室內以明火烹飪並點蠟燭來照明，依舊非常普遍。不過，即便人們已儘量減少室內明火的使用，但電線走火、瓦斯爆炸或使用化學品時的粗心大意，甚或烹飪油脂時著火，都有可能引發火災。因此，雖然現今許多建材已具備防火特性，住宅火災卻仍頻繁發生〔Box 5〕。

另一項發展是在火災的預防與監測方面技術的進步。現在許多建築物都裝設了火災預警的煙霧探測器，以及可自動或人工觸發的火災警報器。建築物內的火災警示會引發反應。依據火災性質的不同，第一個反應者會選擇使用消火栓、泡沫消火栓、滅火毯、消防沙桶或二氧化碳鋼瓶等各式不同的滅火措施〔表6〕。

此外，建築物還可安裝自動灑水裝置，並納入自動防火門的設計，以及明確標示逃生路線。儘管如此，火勢仍可能迅速蔓延，此時便需要出動消防隊來救火，消防隊能利用專用水管與其他設備進行更大規模的滅火。然而，有時這樣的措施可能依然不足以阻擋火勢。

BOX 5

室內火

室內的火災往往對於滅火以及避免其快速蔓延到整棟建築是很大的挑戰。如果我們假想一個充滿家具的客廳，火源可能由很多地方點燃，最常見的是譬如電視之類電器的電線短路，或者裸露的火焰，譬如香菸或者裝飾性蠟燭。很多社會對於各種家具有不可燃的規範，但是這並不代表他們就不會著火。譬如一個緊鄰牆壁的椅子可能可以輕易被香菸點燃，而造成大火。

火焰點燃後，首先會在一個物體上發展（也許悶燒　段時間），但可能很快就蔓延到附近其他地方。在　般室內，火災的表現很像露天的野火，但煙霧和二氧化碳的排放會受限於封閉的空間內，而煙霧往往是殺手。家具的燃燒會增加熱度，且富含燃料的氣體的積累可能會突然與空氣接觸，產生復燃。在這種情況下，結果可能是所謂的閃燃。燃料的燃燒速率迅速增加，導致整個房間的火焰瞬間變大。假如室內只有一個小通風口，特別是防火門是關著的，那麼燃料有限，火勢可能會漸漸消失。這時候打開門或窗戶可能會成為空氣（氧氣）的流入口而助長火勢。

火的發展時間是需要考量的。悶燒中的火需超過二十分鐘以上發展成明火，之後火的溫度可以很快從260 °C升到540 °C。在這個時間點上火的特性會突然發生變化，這個瞬間就是「閃燃」發生的過程。室內火有時候溫度可以達到1000 °C的高溫。

假使這個房間有開著的門或窗戶，煙霧會先聚集在天花板之後再往地板延伸，很多案例中會延伸到地板上方僅僅幾公分的範圍。房間內火的移動很複雜多變，並且尚未被我們充分了解，這也帶來建築物設計與防火、滅火的困難。但是最重要的是要知道火會發展得多快，以及抵抗跟逃脫的設施。

表6｜滅火器與使用

火災類型	材質	滅火器顏色	紅	黑	奶油色	藍	黃
		滅火器內容物	水	二氧化碳	泡沫	乾粉	濕式化學藥劑
A類	易燃物（紙類與木頭）		✓	×	✓	✓	✓
B類	可燃性液體		×	✓	✓	✓	×
C類	可燃性氣體		×	×	×	✓	×
D類	可燃性金屬		×	×	×	✓	×
E類	電子		×	✓	×	✓	✓
F類	油炸鍋		×	×	×	×	×
		綠色（鹵素）已不再使用					

不恰當的建築設計和某些建材的使用可能會在無意間使得火燒加劇，進而導致滅火上的困難。這種情形尤其可在近年的多起高樓火災事件明顯觀察到。在二〇一七年倫敦格蘭菲塔火災中，火勢主要藉由建築物的外層包覆材料蔓延而竄燒得極為迅速。此類悲劇事件將設計、檢測和法規等方面的缺失，以及未預見的相關議題攤在大眾眼前，並且引發許多消防安全和滅火的疑慮。

火災、煙霧和人類健康

許多建築物火災的致死原因是煙霧而非火焰。在建築物內，煙霧通常是火災發生的第一個跡象，因此煙霧報警器成為火災警示系統的重要組成。煙霧造成的危害有四個特點：首先，它會取代空氣中的氧氣，使人呼吸困難。其次，它的密度較大，因此它會取代靠近地面的空氣，並且很容易進入通風系統而快速地擴散到建築物其他地方。第三，煙霧會嚴重地降低能見度，使火場逃生的難度增加。建築物火災產生的煙霧也會擴散到建築物周圍區域而衍生其他問題。第四，家具和塑膠的燃燒會釋放有毒煙霧使人窒息和缺氧，因此對建築內的居民和消防員皆會造成危害〔Box 6〕。

雖然人們很早就知道建築物火災產生的煙霧是危險的，但野火產生的煙霧會嚴重危害健康，卻到最近才被確認。塔斯馬尼亞大學的費・強生研究澳洲北部達爾文一帶的野火對健康的影響，結果顯示，若經常暴露在煙霧中，健康將嚴重受損。我們可能對電視上看到的印尼泥炭大火造成的煙霧汙染影像（圖23）並不陌生——這些煙霧不僅像二〇一三年七月時那樣擴散到鄰近的新加坡，而且還遠飄至馬來西亞的吉隆坡。如今從衛星和太空站影像可觀察到這種來自火災的煙羽（smoke plumes），而這些新資料幫助費・強生及其研究團隊在二〇一二年首次連結並標繪出因全球的野火煙霧而造成的死亡。

煙霧對健康產生危害關鍵因素之一是當中的極小顆粒（稱為PM10），它們的粒徑小於十微米。這些顆粒會進到肺部而引起肺部疾病。顆粒的來源可以透過顯微技術來鑑定。

煙霧對健康的影響不僅止於呼吸問題。研究結果顯

BOX 6

煙霧與大氣汙染

從遠處看，火災的特徵之一是由火場散發並且延伸向天空的羽毛狀煙霧。煙霧的數量和顏色有助於判定火場狀況與燃料特性。白色、灰色以及黑色煙霧取決於水蒸氣及其他物質的含量多寡。這些物質包括比125微米小的木炭顆粒，這通常是植物的火災；一些比較大的顆粒會出現在羽狀煙的頂端，其主要的成分是煤煙，也稱為黑炭。煤煙的形成是因為氣化有機分子的再燃燒並形成新的幾乎是純碳的物質。煤煙所包含的分子小於1微米，其形狀取決於已經被燒掉的物質，所以由植物與汽油燃燒產生的煤煙形狀並不相同。這些煤煙會造成大火之後雪的黑化。有一些氣體與氣溶膠會出現在煙羽中，包含二氧化碳、一氧化碳、甲烷，以及氮的氧化物。除此之外，還包含一些有機化合物，像是多環芳香烴碳氫化合物（PAHs），同樣地，他們的組成成分取決於燃燒的物質，因為這些火的起始與特性取決於煙羽所釋放的化學成分。

火災造成的煙霧可在大氣中停留一段時間，並且會阻止雨滴的形成。煙霧中的笑氣（氧化亞氮）可能對人體健康特別有害。羽狀煙可以由衛星影像偵測並定位，往上可以延伸高達5公里，並且可經由高空風帶入對流層而擴散到1000公里遠。阿拉斯加的野火所產生的一氧化碳已經被證實擴散到全球。

示，如果孕婦在懷孕初期大量地吸入泥炭燃燒產生的煙霧（例如在印尼的情況即是如此），會有較高的流產率或致畸胎率。

對煙霧的恐懼是人們大幅減少某些農業燃燒和地表燃料燃燒的主要原因之一，不過，如此一來反而可能會導致其他的問題。

圖23｜印尼的泥炭火造成的煙霧。

第五章

新科技與改變中的火政治

有兩個因素根本改變了我們如何理解火作為地球系統的進程（Earth System Process）。首先，我們對人類演化前的深時間不斷增加的理解，證明了火在形塑我們所知的地球時扮演了重要的角色。其次是我們今天可以觀察到火的新方法，特別是過去二十多年間衛星影像監控火災的快速發展。

觀察火

在人類大部分的歷史中，我們僅能依靠雙眼觀察與記錄火。因此，野火和大部分建築物的火災不常被記錄到，這導致我們對於野火的普遍性欠缺了解。假如我們對現代野火的發生和蔓延僅有很少的認識，那麼我們對史前火的認識就更加淺薄了。

因現代媒體的興起，我們對火的理解逐步增加。關鍵的轉折發生在一九一〇年的美國，史帝芬·派恩將這年稱為「火之年」。這一年的夏季乾燥，造成許多災難性的野火。這些野火也改變了大眾和政治家對野火的看法，尤其是如何抑制野火；這也影響後續幾十年對火的因應。防火與撲滅所有火災成了這段時間主要的口號，而美國的這個政策也後續影響其他國家與地區。

在這個世界上，有很多地區缺乏火災的目擊證據跟紀錄。當我們試著發展關於火災規模跟發生頻率的知識時，缺乏火災紀錄變成一個重要問題。即使到了一九六〇年代，我們對於野火的觀察還是主要來自於機場的紀錄，因為人口聚居中心附近的機場受到附近棲地火災的煙霧干擾，影響飛機的起降。

太空競賽之後這一切都改變了。我們常常忽略了第一顆人造衛星是相當晚近才發射升空，而即使有了人造衛星，當時也還缺乏公眾可以使用的地球衛星影像。一直到了一九七〇年代，大地衛星才開始提供大區域的地球影像。除了日常可見的白光（例如火災煙霧造成的可見白煙）之外，我們也使用微波波長的資料來繪製地圖，以不同顏色顯示來區分活體與死去的植物分布。我們就能夠依據燃燒區域的大小來預估野火的規模。衛星影像克服了因為地形阻礙和不易到達的問題，可以做到從地面上觀察難以做到的事情。這種地景影像的分析在一九七〇到一九八〇年代變得更加精確，例如美國就發展了「燃燒區預警反應」的計畫，依據燃燒嚴重程度，繪製區域地圖。而這些地圖不單單只是畫出受到野火影響的地區，也幫助我們更加了解野火對區域內不同區塊的影響。

隨後幾十年間，人造衛星的發射數量大幅增加，尤其是美國及歐洲。這些人造衛星有兩大優點。第一是他們被發射到不同的軌道上，有些被投放到地球靜止軌道上，一直保持在某個地點上空，這樣我們可以對同一個地點連續觀測超過二十四小時。有些則被投放到極軌道上，可掃描整個地球表面並產生整個地球的二十四小時火災地圖。第二個優點則是由衛星上裝載的感測儀器帶來的。

一九八〇年代發展出了「先進極高解析度輻射儀」，這套系統包含多個不同波長的感測器掃描地球表面。除了監測火災以外，它還收集熱紅外線數據以獲得溫度資料，並且測定火災造成的煙霧大小跟特性。經過多年的發展，儀器從遙感成像中的解析度已經提高到一公里的精確度。這些衛星資料目前已經被使用在很多其他不同的用途，也促進了野火的研究。其中一個研究方向在於發展不同感測器以監測日夜之間野火的狀況，用來幫助我們確定氣候與人為活動跟火災的關係。

另一個重要發展是二〇〇二年歐洲太空署發射的歐洲環境衛星，用於監測環境與氣候變遷。這顆衛星蒐集的資料被用於發展全球火災輿圖，每年處理超過八萬幅夜晚溫度超過絕對溫度三百二十一度的火災熱點，精確度小於一公里的空間影像。這使得我們對野火的了解有革命性的突破。

除了人造衛星影像以外，我們同時也由國際太空站獲取野火影像，主要監測由野火造成的濃煙蔓延區域來辨識野火。其他的研究發展還包括對燃燒區域進行分類的成果，這些數據已被證明不僅可用來評估野火對環境的損害，也可以計算環境中的碳損失及碳轉移。

然而，過去二十年監測野火最重要的無疑是MODIS衛星相關偵測儀器和產品（以及火輻射能量預估）的發展。MODIS儀器組，或稱為「中等解析度影像光譜輻射儀」，屬於美國太空總署的陸域衛星系統，於一九九九年發射。該衛星由二〇〇〇年開始收集的大量數據有多方面的用途，例如「火資訊資源管理系統」把遙感資訊跟全球定位系統統合在一起，用以發布全球MODIS火熱點定位和燃燒區資訊，並建立地圖介面以輸出「近實時火熱點資訊」與每月燃燒區資訊。而這些資料有部分可以在谷歌地球上使用。

到目前為止我們的研究成果已經有實質顯著的進展，並且在了解全球火燒的分布上有顯著進步。這同時也對政策制定者產生了很多新的挑戰。因為研究成果除了顯示全球尺度的火燒數量與規模外，更確認了在很多區域，火也是生態系的重要部分。這一點可以從非洲全年火災的發生情況中清楚看出：年初時，中非地區以人為引發的火災為主，但隨著時間推移，火災帶逐漸向南擴展，並在稀樹莽原與凡波斯（fynbos）生態系出現自然引發的火災。我們也可以看到，因為使用不同的滅火和人為引燃的方式，造成政治邊界兩邊不同的火災狀態。很清楚的是，火燒在某些生態系中是自然存在的一部分，而在另一些生態系則不是。這個證據就是亞馬遜雨林，因為這裡所有的火都是由人類活動引燃的。

大火之後

現在讓我們把焦點由全球移往地區，並關注地表野火與土壤的交互作用。直到現在我們的討論都集中在野火本身，以及區域野火地圖的產生，然而火災後果的重要性經常是被忽略的。我們已經看到火災常常是由地表火開始，但我們通常把注意力放在火焰及之後的移動，有些例子裡火勢由地表往樹冠層移動。但是我們不應該忘記火燒的熱也會向下傳遞到地表落葉層（本層由死亡的有機物鋪在土壤上方形成），甚至進入土壤中。

火燒對土壤有很多種影響。緩慢移動的地表火可能只是在火焰經過時焦化落葉層，不是所有的植物都會被火焰完全燃燒。然而不管是自然產生或者是被人類刀耕產生的落葉燃料，都可能加劇燃燒並且造成更高的溫度。這個高溫可能會影響最上層的土壤，摧毀與無機質土壤緊密結合的植物根系。根系則可能會在火鋒掃過後成為繼續把熱往下傳導的主體。而我們已知這個焦化的過程會產生揮發性氣體與液體，這些氣體與液體可能向上釋放到空氣中，也可能向下滲入土壤本體。

火對土壤的影響是特別重要的。很多土壤會形成不透水層，特別當土壤是富含有機質的時候。有多少人在整理家裡盆栽的時候會發現，當我們給富含有機質的土壤澆水後，水會溢出盆栽，然後在一段時間後向下滲透進土裡？我們知道，有很多土壤，特別是森林裡或者某些植物類型之下的土壤，譬如（加州的）荊棘灌叢和（澳洲或者其他地方，譬如葡萄牙的）尤加利森林的土壤，含有很豐富的不透水層，這些不透水層之上都會有一層通常富含礦物質的可含水層。然而地表火可能改變這個簡單的結構，而造成透水層與不透水層的變動。在某些土壤中，火災後，最上層的防水層會被加強，譬如一些針葉林的土壤。而荊棘灌叢的不透水層可能會移動，形成透水層—不透水層—透水層的三明治結構。這種現象在尤加利樹林尤其極端，水幾乎完全不可能穿透他們的不透水層。

火燒之後的侵蝕與洪水

然而這對土壤有什麼顯著的影響嗎？現在我們不只需要考慮土壤的乾燥過程，還需要考慮土壤對降雨的反應。在一個斜坡上，即使是只有小坡度的斜坡，雨水通常會打濕泥土並且穿透進去。在特別大的雨中，部分雨水會在地表上流動，我們稱之為地面流。我們可以在自己的所在地區看到這種現象，甚至不幸地在自己的花園裡見到。這是為什麼我們要關注城市中大面積使用柏油或者水泥鋪面的影響，因為這樣做會造成地面流及洪水的增加。然而我們應該注意的是，火燒不僅僅會改變土壤結構而形成緻密的不透水層，也會毀掉與土壤緊密結合的植物根系。舉個例子來說，如果在大火之後緊接著一場大雨，雨水會很快填滿土壤淺層的透水層而抵達下方的不透水層，降雨因此會開始轉向地面流，帶出大量的沉積物，常常是植物燃燒後形成的木炭。這些地表植物所形成的結構被破壞之後，地表水流就能夠很快移動，形成泥漿水而被快速帶離燃燒區。這種土壤侵蝕與洪水的狀況可能會造成距離燃燒區幾公里之外的大面積破壞。

而在陡峭的區域，這些地表流會切割出廣泛分布的溝渠而造成大量沉積物在地景上的移動，這些大量搬移甚至可徹夜進行，形成未經過分選的大型沉積體，譬如沖積扇（圖24）。科學家在過去幾年才了解到這種火

圖24｜火災後沖積扇的沉積。

災之後造成的嚴重侵蝕與災害。而這些問題也是過去幾年，因好萊塢名人的居所被加州大火後的洪水與沉積物沖刷後，才被廣泛報導。

這些洪水可能帶來很多不同的可溶與不可溶性物質，包括硝酸鹽和磷，而對溪流、湖泊與水庫的水化學造成影響。飲用水如果受到這些添加物的汙染則可能造成更多的問題。這種狀況的例子是二〇〇二年科羅拉多州的海曼大火，嚴重影響丹佛市的主要水源。

我們或許可以撲滅大火，但是要如何預防大火之後的土壤侵蝕？奇怪的是，推動尋找解決方案的是保險業者，因為他們必須為遠離野火區域的水災理賠。有很多可能的行動在嘗試中，包括在燃燒區山坡上砍伐樹木以了解水流與沉積物的移動、放置人工的藩籬、或者在燃燒區廣泛放置乾草塊等等。這個作法可以在地表提供一層有機物以吸收一開始的降雨，達到防止初始流動的效果，進而防止地面流的發生。但這樣的措施只在被處理過的區域有效，而且燃燒區可能很大，需要進行處理的時間可能太長。此外，有些外來種（特別是禾草）可能因為乾草塊的放置被意外引入而造成後續的問題。針對這個問題，我們仍需要進行更多的研究。

火與立法

當世界上有愈來愈多的人口由鄉村移居到都市，而且防火成為普遍的議題時，我們發展出一種態度：所有的火災都是負面的而需要被撲滅。當我們在考慮城市中的火之前，應該先想想在鄉村及野地中的火。就像我們先前提過的，一九一〇年是美國的火之年，它不僅改變了大眾對野火的態度，也促成了滅火與防火的相關立法。除了由成功與火共存的地方農夫、農場主以及地區族群所建立的知識以外，大型野火對林業經濟及都市人口擴張的威脅，使得立法勢在必行。美國的「煙燻小熊」倡議已經變成預防森林火災的象徵，並引領了世界上其他地方類似的成功倡議，譬如西班牙在一九八〇及一九九〇年代的「全民抗火」（Todos Contra el Fuego）倡議。即使到今天，「所有的火災都是負面的」這種態度仍然是主流，這導致許多的問題與衝突。

如我們前面提到的，火燒也許是某些區域某些植被種類的自然過程之一，但在某些生態系中則不是。舉例來說，火災是稀樹莽原生態系整體的一部分，但對很多熱帶雨林來說並不是。那麼我們要如何在這些不同生態系中處置火災，尤其是這些生態系同處於單一國家之時？

關於火，以及某些植物類型起源的想法也可能並不正確。一直以來，人們認為非洲（包含馬達加斯加島）的眾多草原，是晚近林地退化之後的產物。但是，威廉·邦德、莎莉·亞琪柏德以及其他研究者在南非的研究，已經清楚顯示雖然禾草具高度可燃性（占全球燃燒地的70%），但天氣其實夠潮濕，足以支持附近的森林生態。然而，這些草原的歷史悠久，並非是人類大規模毀林所造成的。如果真的是這樣，那麼草原的意義就非常重大了。

假如我們考慮馬達加斯加島的狀況，它是世界生物多樣性熱點，島上的熱帶森林與獨特的動植物吸引了人們的注意力。因此在立法時，我們的想法傾向所有的火災都是不好的，應該防止與撲滅所有的火災。然而，人們普遍不了解的是，草原地區的生物多樣性也是很高的，如同英國皇家植物園「邱園」的科學家在二〇一七年的〈世界植物現況〉報告所揭露的。另外，我們已經知道這些草地生態系是古老的，在人類來到之前就已經存在，因此並非純粹人類活動所造成。這種生物多樣的草原生態只能在有火燒的狀況下繼續存在。所以我們有什麼方法解決這個兩難的問題？

也許解答首先要提高科學家對野火在全球系統上所扮演角色的了解。在二〇一七年邱園報告發表的時候，我應邀與威廉・邦德一起報告地球系統中的火。讓我感到驚訝的是，大部分保育學家並未意識到火在很多生態系中的角色。其次是我們應該對大眾分享我們對於野火的態度與了解，唯有如此，才能夠被立法者注意到議題的重要。當不同的團體開始發生衝突時，我們應該公正釐清爭議。舉例來說，健康土地的管理者會主張按指定的斑塊焚燒，但其他人可能會依他們自己的保育觀點或者基於煙霧汙染的理由而反對這種施作。很不幸地，這樣的爭議可能會變得很極端化，特別是當媒體介入的時候。我們需要媒體來幫忙教育群眾，但是媒體卻更將焦點聚集在衝突的報導時，使問題更加棘手。

科學家試圖經由發表文章與書籍來向大眾宣導火的議題，並提出未來可行的方向，如二〇一五年由一群科學家在皇家學會簽署的奇切利宣言：〈二〇五〇年野火研究觀點〉。然而，地景中，火的議題並不像洪水以及防洪那麼顯而易見，而且全球氣候變遷可能也會改變火的問題。英國議會的科技辦公室在二〇一九年發布一個「野火與氣候變遷」的公告，提供給議會成員作為協助他們在制定野火相關政策時可以參考的摘要。這個公告是一個重要的里程碑，並且可能為其他國家提供有用的模版。

都市中，火的安全與滅火

人類如何與火共存是一個重要的問題。我們在城市或者鄉村會有不同的考量，但卻又彼此互相關聯，因此兩者我們都需要思考。我們必須要考慮何時以及如何救火，甚至考慮是否應該救火。城市中心的滅火和防火是特別被重視並優先處理的，但是如同很多災難顯示，我們還需要做更多的事。

發生在野地與城市的交界（WUI，或稱為鄉村—城市交界）的火災最近受到更多的關注，我們可以由兩個方式來看這個交界地帶。或許最顯而易見的原因是當我們的建物更深入這些易燃的植被區域，火災的威脅更明確。二〇〇九年發生在澳洲的黑色星期六大火造成大量傷亡，其中有一百七十三位死者死於金萊克地區。在規劃與立法層面，我們到底可以怎麼做才能避免這種損失？即使我們有應對火災的計畫，人們也可能對野火的不規律性輕忽大意。二〇一八年雅典阿提卡沿岸地區的火災造成一百零二人死亡，這些人嘗試經由計畫好的路線逃出火場，但是逃生通道被阻斷，而且強風助長火勢快速蔓延，很多人死在擁擠的沙灘上。

二〇一八年一場毀滅性的「坎普大火」摧毀了北加州的天堂鎮，也造成很多生命的損失——至少八十五人死亡。在這個案例（還有更多例）中，鎮上的房屋主要是木造結構與建築，房子周圍圍繞著樹木，出鎮的道路也被阻斷了，而這情況在很多地方都類似。如果居民和立法者對火有更好的了解，可以幫助他們更好地面對野火，改變建築法規，以及城市環境的法規嗎？這些考量可以提供更好的防禦空間，包括對房屋結構和住所周圍的植被有更適切的作法。但是即使如此，一樣不能保證安全。

美國對於野火管理的下一步，採行的是已經被一些國家採行的方式：發展「用火智慧」（firewise）社區，以及包含投入公眾教育的社區自有的解決方案。

一些用火智慧的預防措施經常被許多美國政府機構推薦，這些建議也是很多國家可以很容易採用（請參考Box 7和圖25）。

然而，這些建議並不足夠；法律的制定不只在地方或區域層級需要，還到全國層級。以英格蘭為例，在城市與野地交界處的新城鎮的建築物，都需要有應對火災的計畫以及可供消防車通行的路線規劃。

我們需要考慮三個建築物本身的重要議題，最重要的是建築材料的易燃性。立法要求建築物使用合格的防火性材料，但是正如二〇一七年倫敦格蘭菲塔大火所顯示的，小規模的測試並不一定能夠表明大型建築可能會發生什麼情況。對於防火材料的實驗測試都需要連結到電腦模擬模型，以了解這些材料在不同情境下的反應，

BOX 7

野火準備清單

房屋鄰近區域簡易守則：

- 判定有效防火空間的大小；
- 移除已死亡植物；
- 將樹木與灌叢分開；
- 將樹枝和下方生長的植物分開；
- 清理出距離房屋至少10公尺的乾淨綠帶；
- 並維持這個防火空間（圖25）；
- 考慮植物、灌叢以及樹木的生長狀況，特別是避免種植尤加利樹和有些松樹，並確保不靠近房屋。

給屋主的防火清單：

- 把單面或雙面削切木造屋頂換成複合材質、金屬材質或瓦片等防火形式；
- 使用非可燃性材料當作屋頂開口與隙縫之填塞物；
- 清除屋頂的可燃性殘骸，譬如松針與落葉；

- 將塑膠天窗換成雙層玻璃樣式，其中一片是強化玻璃；
- 在煙囪或抽油煙機排氣管安裝防火花裝置；
- 把單層玻璃換裝成多層強化玻璃，並在野火發生時關閉窗戶；
- 把閣樓、攀爬通道、屋簷通氣口覆蓋1/8英吋網目金屬網，並把塑膠通氣罩換成防熱金屬材質；
- 淨空排雨簷槽內之可燃性木頭碎屑；
- 使用高品質的牆板與飾邊填充物，並考慮使用不可燃材質之牆板；
- 存放木柴與木材要遠離屋子，可能的話至少相隔10公尺；
- 當野火威脅時，將陽台家具存放在室內或車庫內；
- 把狀況不好或者低於1英吋厚的陽台地板換掉；
- 保持陽台層板間的縫隙及下方沒有可燃碎屑。在野火侵襲時，清理陽台上所有可燃物，例如報紙、柳條花盆、乾燥植物和瓦斯烤肉爐，並且在陽台下以柵欄和金屬網隔離可燃性碎屑的累積；

- 妥善維護花圃、移除死亡植物，確保在野火侵襲時淨空；
- 屋簷可用膠合板或防火構材建造；
- 景觀花壇栽種非易燃植物，移除枯死物質，換掉房屋周邊的木質覆蓋物；
- 野火侵襲時將車子倒車停入車庫並關好車窗，或將車遠離房屋停放；
- 調整車庫門以盡量縮小車庫門間隙，降低火燼飄進車庫，並在野火來襲時關好車庫門；
- 將垃圾桶上蓋，並拖離屋外休憩平台；
- 妥善維護木頭圍籬，在房屋或車庫1.75公尺內的圍籬使用防火部件或鬧門。

以及火會如何擴散。這些測試與模擬是防範火災的一部分，但建築物的火災無法完全排除，因為他們主要由建築物內的電器短路造成。

我們需要在起火的第一時間發出警報。因此，好的火災與煙霧警報系統是必要的。雖然公共建築物都規定需要有這些火災警報裝置，但是很多私人住家則沒有這

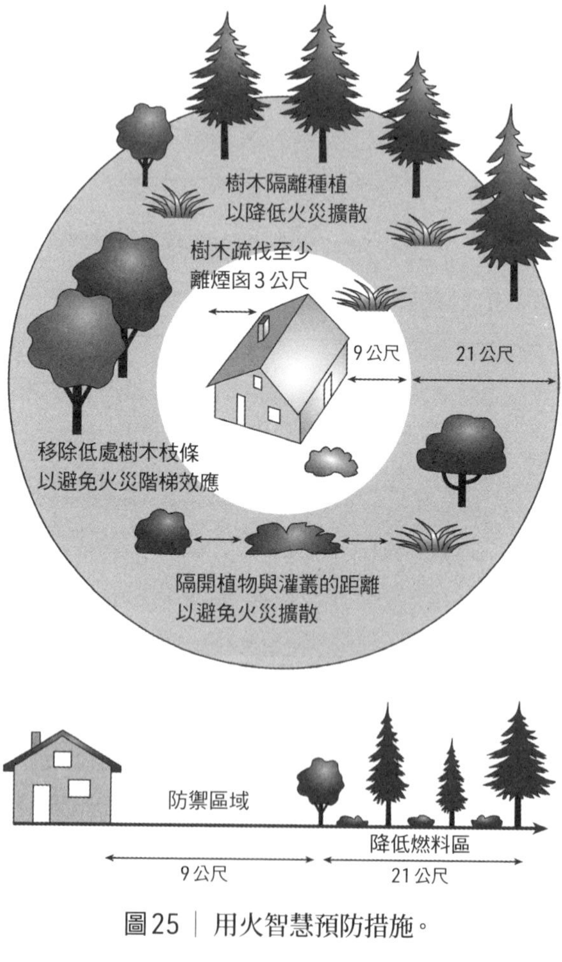

圖25｜用火智慧預防措施。

些警報系統。而當火災發生警報響起的時候，反應的情況與速度就變成關鍵。

關鍵是，如何在火災一發生當下，就撲滅它。大部分國家的公共建築都要求使用火毯、沙桶、滅火器或消防栓等進行快速滅火。即使一般住家也應該在廚房準備二氧化碳鋼瓶以防止火災擴散。

建築物的火災可能快速擴散並容易失控，因此需要專家協助滅火。即使是單一建築物的火災都可能動用到大量的消防員、專用的消防器具，並花費很長時間來滅火。就算已經二十一世紀了，我們仍然面臨許多類似處理一六六六年倫敦大火的挑戰。

第一個挑戰是火災會如何擴散。這個問題由許多因素決定，包括建築物材質、建築物結構、火災防護措施的取得（譬如內部灑水系統）、大火擴散停止設施以及火的密度等。每個情況都需要各種控制措施，從使用特殊泡沫到透過直升機而非傳統的消防車送水。即使有很多消防車與救火員，很多建築物仍然幾乎被燒得精光。但是要成功救火，重要的事可能並非挽救單一建築物，而是不讓火災擴散到其他鄰近建築物，特別是拯救生命。

第二個挑戰是關於建築物內存放的物品，這會影響到我們要如何救火。很顯然，一個儲存紙類的工廠倉庫、一棟空的建築，和一個儲存易燃物如儲油槽的建築（例如發生在二〇〇五年英格蘭儲油槽的邦斯菲爾德油庫大火〔Buncefield oil storage fire〕），會有非常不同的處理方式。其他內有重要物件的建築物，如英國女王在英格蘭的皇家寓所溫莎城堡於一九九二年的大火受損，都需要不同的救火方法。

第三個挑戰則是大火造成的後果。這不單只聚焦在建築物的結構完整性，而是必須分析大火是如何開始與蔓延的。重要建物的大火可能會引起公眾調查以尋求答案，以提供未來救火的指引，並影響更重要的立法規範。

克服這些挑戰取得進展的關鍵在於安全工程與測試火災抗性的新知識，這些發展並不只是針對個別材料，而是整個結構如何造成影響。另外，在消防車輛的設計也取得了長足的進步，現在普遍認識到，因應撲滅建物火災及野火，消防車也應有不同的設計。同樣地，救火員應對不同環境的火災也需要接受不同的專門課程訓練。大火抑制劑的發展也扮演重要的角色。在城市中通常有用來滅火的水源，有時候也會用到泡沫來滅火。在野火情況中，地面水源的供應可能是一個問題，因此消防隊員可能需要付出更多努力闢建防火線，並呼叫空中機具灑水或噴灑含有機溶劑、泡沫穩定劑以及腐蝕性抑制劑的液體、凝膠和泡沫。這些抑制劑可以對大火降溫或者阻斷氧氣的供應。日前新的發展在於以最少的水生成有效隔離層，包裹地表以移除大火。

不尋常的火

當我們已經準備好面對大部分環境中的大火時，總有些火會帶來特別的挑戰。在自然環境中，泥炭火災總是帶來挑戰，因為有機的泥炭總是在表面的大火撲滅後持續悶燒很久，而且這種悶燒的溫度很高。如果我們用水來滅火，這些水在到達悶燒部位前就已蒸發，這樣的悶燒可能再次燃起熊熊大火。一場在印尼的泥炭大火就是這樣的狀況，二〇一八年在英格蘭的薩德爾沃思沼澤區（Saddleworth Moor）的大火也是如此——表面的大火燒透石楠向下進入泥炭層，而讓滅火與控制極度困難。

地下的煤炭層大火會造成與地表泥煤火類似的狀況，但是規模更大且延燒時間更久。糟糕的是，地下煤炭層燃燒因釋放可燃性氣體而更嚴重。然而，這類地下煤炭火的規模卻相當驚人。這些大火的起因有些是因為氧化作用產生的熱而引發自燃，有時起始於地表再蔓延到地下。在印度賈里亞的一處煤田發生的煤炭火範圍廣達二百八十平方公里，並已連續燃燒超過一百年，不僅造成地層下陷，野火釋放的氣體也導致周遭人口嚴重的健康問題。

火災可能是其他化石燃料沉積物的一個問題，這些火災的發生不僅是因為天然氣或油田滲漏物著火，也因為油田探勘井或生產井的意外或蓄意造成。這些狀況下的大火只能使用爆炸的方式以斷絕氧氣供應來撲滅。這一類由燃料造成的火災也可能因為航空器的意外而在空中或地表發生，但是我們常傾向於忽略譬如氫氣等非常容易燃燒的物質。這類大火中著名的事件包括了一九三七年興登堡飛船爆炸，以及一九八六年太空梭發射時因壓縮燃燒氣體造成的爆炸。而令人意外的，火災也會發生在太空，因為國際太空站使用的氧氣可作為火的燃料，因此小心是必要的。

仍然有很多火災發生在人造建物中而需要專門抑制的設施，往往造成滅火的挑戰。這包含地下建物的火災，不僅難以撲滅，也不易預測其如何擴散。除此之外，在長廊通道的火災，譬如公路或鐵路的隧道也帶來嚴峻的挑戰。連接英國與法國的英吉利海峽隧道在二〇一一年發生火災，即使已經配備有大範圍的防火措施，仍造成隧道封閉數天。起火點是歐洲隧道班車，這列攜帶沉重貨物的班車被超過一千度的高溫延燒逾十六小時。有些隧道大火如一九九九年的白朗峰隧道大火則造成了大量的死亡。

第六章

火與氣候變遷

我們常看到世界各地野火的照片與報導，特別是這些案例的規模很大、威脅人類居處和造成死亡時。二〇一八年十一月發生在加州的幾個大型野火就是這樣的例子。這些被描述為「超級大火」(megafires)，也包含了舊金山北邊造成至少八十五人死亡的坎普大火。這些高度引人關注的災難在群眾之間引起廣泛討論，大眾想知道為什麼會發生如此多的大型火災。一個媒體常問專家的問題是：這樣大型的火災是否是因為氣候變遷造成的？美國總統否認氣候變遷的存在也增加了這些討論的聲量。

關於氣候變遷的討論主要圍繞在三個問題上。首先是氣候變遷是否存在？其次是如果科學測量顯示氣候變

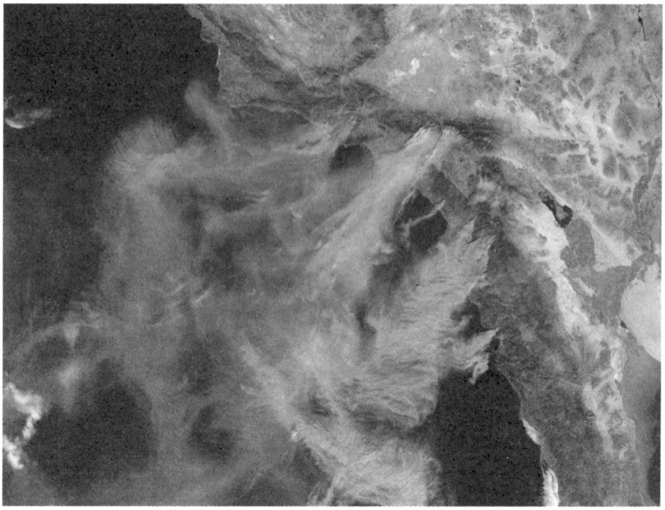

圖26｜加州2003年大火的衛星影像。

遷的趨勢存在，那麼是由人類活動所造成的嗎？第三個問題則是，如果前兩個問題都為真，那麼氣候變遷是否可以逆轉或者穩定下來？而關於野火，這些問題則是：氣候變遷是否存在，以及氣候變遷是否影響野火的頻率跟規模？

目前科學上對於氣候變遷的共識，一般認為不僅氣候變遷正在發生，並且認為人類活動造成溫室氣體排放正在加速地球的暖化以及造成不穩定的氣候型態。即使我們能夠在二〇五〇年達成國際協議增溫不高於1.5 ℃的目標，此刻在世界許多地區仍然面臨天氣不穩定加劇和降雨模式改變的問題，而這些變化正在影響、並將在未來影響野火。而只爭論這些氣候變遷的成因並無助於推動大家對野火發生與衝擊的關注。

如果我們只專注於回答這些疑問，那麼我們可能會忽略其他相互關連的議題。的確，當我自己被問到關於加州野火的問題時，我首先指出，在這種植被覆蓋的地區就可能發生火災。其次是城鎮建築物在這種易燃的環境中容易發生火災，特別是房子的建材主要以木料為主，而且房屋周圍環繞著樹木，這在電視影像中經常可以看到。第三個議題是很多火災因為入侵禾草而惡化。最後則是關於森林的管理與滅火。

讓我們先從氣候變化的問題開始，但先忽略它的成因。我們可以先進行三個重要的觀察。第一個是氣候變遷是地球運作的一部分，也因此我們可以稱之為「氣候的變化性」。如果以百年、千年乃至百萬年的尺度來看的話，氣候的變化是一種常態。所以真正的問題並非氣候是否變化，而是氣候變化是否比預期的正常狀況快速。以及這樣的狀況如何影響植物以及野火的活動〔Box 8〕？

BOX 8

火與氣候強迫

政府間氣候變化專門委員會（IPCC）定義「輻射強迫」（radiative forcing）為「在對流層頂，經平流層校正之輻射通量相比於西元1750年的數值」。這個數值代表的是對流層（大氣層的最底層）與其上的平流層交界處的熱改變。正輻射強迫意味地表溫度增加而負值會造成地表溫度下降。因此，火災可以藉由改變大氣組成（譬如釋放二氧化碳）以及改變地表輻射的反射率進而改變輻射強迫數值。燃燒區顏色較暗，燃燒的灰燼可能落在雪上面，因此會造成反射率的下降。目前我們已經計算出好幾種火災的碳排放。

大衛．鮑曼和他的同事在2009年已經計算出，火災大約貢獻了從前工業時代以來人類活動造成的輻射強迫的19%。這個計算很複雜，主要是基於野火產生的與火相關的二氧化碳排放量（圖27）。火也是臭氧前驅物（譬如氧化亞氮（N_2O））的重要來源，特別是在熱帶地區。（臭氧是氧氣的不穩定狀態，通常在大氣層上層屏蔽有害紫外線。在對流層中，主要是由氧化亞氮而非氧氣提供主要的氧分子以形成臭氧。陽光把氧化亞氮分子分開成一氧化氮和氧原子。一個單獨的氧原子再和氧氣分子結合產生臭氧。）

科學家已經廣泛認同全球氣溫正在以非常快的速度上升，且大多數的民眾也如此認為，雖然不是所有人都接受。這對於我們的分析有什麼意義呢？首先我們必須釐清氣候（climate）與天氣（weather）的不同，氣候反映了整體狀況，而天氣只針對短期的波動。然而，氣候變遷可能擾動穩定的天氣模式。這可能意味著：在某些地區，氣溫在一年中的某些時段可能變得更冷或更熱、一年的降雨分布可能改變，而更極端的氣候也可能會出現。

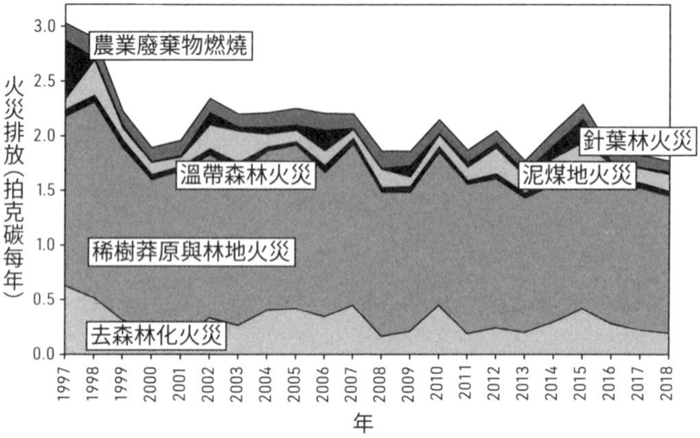

圖27｜不同類型火災的排放。

氣候變暖的第一個衝擊發生在植物身上。春季提早或延長可能改變植物的生長、開花與結果。某些植物可能因為溫度微小的改變而致病，某些植物可能因此散布到其他區域、改變或者擴大它們的分布範圍。動物也可能受到影響，特別是昆蟲。有些帶有真菌疾病的害蟲可能入侵或散布，殺死樹木。一個例子是美國西部的樹皮甲蟲造成很多樹木死亡，這些死掉的樹木變成燃料累積在森林中。如果春天更早到來，生長的季節更長，也就可能會有更多的燃料累積。

第二個關於溫暖期加長及增溫的衝擊是在地景上，這對美國西部野火的發生特別重要。溫暖的氣候意味著山區更早融雪，而這會更早將水釋放到生態系統中。春季植物更早開始生長，因此有更多時間變得乾燥，讓植被變得更易燃。這樣的狀況在那些已經具有可燃性並且經歷過野火的生態系統中更為明顯。勒羅伊·衛斯德靈（LeRoy Westerling）在加州大學內華達山脈研究所的研究告訴我們，即使春天很小的溫度改變都可能造成這種效果。

第三個衝擊是部分相關的：不只是因為更長而乾的夏季造成可能起火的季節加長，天氣也可能發生些微改變，讓風變得更頻繁且更強。這不僅加速木材燃料的乾燥，在起火後也讓火勢更猛烈。

所以前面問題的答案——關於氣候變遷是否影響野火？以加州的狀況來說，答案是肯定的：氣候改變影響了野火的規模和強度。但是我們不能只考慮加州的狀況，更需要思考氣候變遷在其他地區所造成的影響。我們在此面對的問題也受限於過短的記憶與有限的經驗。

世界各地很多區域受到聖嬰現象和反聖嬰現象的影響。聖嬰現象期間，西太平洋的部分地區變得更乾燥。這是一九八二／八三年間造成此區大火的原因。相反地，美國西南部有許多大火發生在反聖嬰現象的年份。這意味著，由海洋變化所驅動的火災活動已經呈現出某種週期性，但這並不是說「長期來看，全球氣溫上升的觀察結果」就不重要。

我們也需要考慮美國西部以外的地區。舉例來說，在澳洲，氣候很明顯地改變，有更長的乾季、更乾旱以及更多酷熱的日子，對於易燃的植被，這種轉變問題更加劇。即使在沒有很多野火的英格蘭，近幾年野火也以超過大眾想像的數量在發生。八年間共有二十六萬筆植被大火的紀錄，雖然其中大約只有3%被英國消防與救援服務定義為真正的野火，但規模已經很可觀，每年超過一千件，遠遠超過大部分人的想像。而這種狀況在溫度上升以及乾燥天數增加之後只會更加惡化。目前的氣候資料顯示，一八八四年之後英國最熱的十年都發生在二〇〇二年以後。

我之前已經提過薩里郡嚴重火災的危險性，這裡發生過很多小火災，大部分都在石楠屬植物的分布區。這些火災都是移動緩慢且容易撲滅的，而植物在火災後也可以很快再生。然而，假如火災蔓延到周圍的森林（通常是闊葉林），就增加了幾層複雜性。假如火災還只是地表火，即使在森林中，火災的擴散仍相對緩慢，只不過消防人員要抵達可能有點困難度。一個好例子是二〇一一年斯溫利（Swinley）的火災，在一段非常乾燥的時期發生在巴克夏／薩里／漢普三郡邊界的克羅索恩村（Crownthorne）附近的森林中，動用了十一個郡總共超過四百位消防員才將火勢控制住。要避免這樣的火災發展成大規模的樹冠火非常重要，因為樹冠火蔓延迅速，很可能會波及人口中心或附近的工業研究設施。此外，鄰近該區域的主要幹道（M3和M4高速公路）受到濃煙嚴重影響，濃煙也影響到倫敦希斯洛機場的飛機航道，也可能汙染附近的水庫。這場大火變成一個提醒英國考慮氣候變遷衝擊的「起床號」。

隨著這個世紀的展開，世界上某些原本野火不常發生的地方，野火開始變得頻繁，但還是有些地方野火仍不是什麼重要的問題。

另外還有一個氣候變遷的後果需要考慮，那就是關於不同植物種類的分布遷移。降雨和溫度的改變可能會改變原生植物的分布，影響到野火的發生、形式和嚴重性。而人為引進外來種（非原生）植物也可能造成問題。

植物入侵

對於影響地景（野地）火災變化的因素，一個最讓人驚奇的發現，在於我們越來越清楚植物入侵（即某些外來種植物不受控制地擴散）會造成野火。這些入侵植物通常是因應特殊目的而由其他國家或區域引進，某些外來種植物在引入後已經擴散到整個區域。在某些案例裡，當人們還不知道外來種將造成野火的風險，就將它們移入。

其中重要的例子是，某些禾草因為要餵養牛隻而引入。他們被選上通常是因為具有快速成長及高產量的特點，能成為很好的飼料穀物。但是某些情況可能提高了美國西部野火的風險，旱雀麥（*Bromus tectorum*）就是其中的罪魁禍首。他們原生於歐洲、亞洲和非洲，旱雀麥高度易燃，並具有快速生長、高產種子以及在生態系間急速擴散的特性。它們肆無忌憚沿著道路兩側蔓生，甚至長在砍伐過後的森林空曠區域。科羅拉多大學波德分校的珍妮佛·鮑爾奇經由分析衛星影像發現，旱雀麥正在北美洲西部朝著北方蔓延，進而影響野火的分布。

我們常在好萊塢電影中看到美國西南部的典型仙人掌區，那是受到旱雀麥入侵最嚴重的地區。這區又熱又乾的地景，演化成以巨人柱仙人掌（*Carnegiea gigantea*）為主的生態群聚。巨人柱仙人掌的分布通常非常獨立，與地表其他植物幾乎沒有連結，所以即使閃電打到巨人柱仙人掌而起火燃燒，也不會蔓延開來。但是旱雀麥入侵此區，覆蓋地面，形成像地毯一般的乾燥燃料，導致野火從一株仙人掌蔓延向另外一株，危害整個生態系。因此這樣的生態系可能在幾十年以後就會因為野火而消失了。

草本植物入侵的問題並不僅發生在美國，原本生長在非洲稀樹莽原的須江草（*Andropogon gayanus*），作為牛隻飼料而引入澳洲。就像我們預測的，現在已經因為其生長快速、緻密且長得高的特性而造成嚴重的問題。這些緻密的草墊為野火提供了八倍於本土草類燃料量的絕佳燃料。澳洲很多地方有天然的火災，特別是北澳的稀樹莽原，這些地方的火災現在已經變得溫度更熱、火焰更高，嚴重危害到以尤加利樹為主的原生植物的生存。

尤加利樹的栽種也在其他一些地方造成問題。尤加利樹在澳洲是易燃性生態系的一部分，他們演化出再萌櫱（重新抽出新芽）的方法以應對頻繁火災。但是如我們所知，這樹種的油脂提高了森林的易燃性。尤加利樹生長快速因此產生很多潛在燃料，定期性的地表火可以把這些燃料燒掉以降低燃料負荷。但是若密集種植這種植物，就會造成災害。譬如在葡萄牙，他們允許密集種植尤加利樹，但沒有執行適當的降低累積燃料的措施。葡萄牙當地的氣候使得火災規律性發生，但過去十年中，毀滅性的野火在密集種植尤加利樹的區域顯著上升，不管在數量上跟規模上都是，並且已經造成超過一百人以上死亡。種植區高強度和大規模的火災、周圍有許多的村莊和不良的通聯道路都是造成高死亡率的原因。尤加利樹種植區的大火也會蔓延到地表累積易燃物的松樹林，使得火災非常難以控制〔Box 9〕。

BOX 9

葡萄牙大火

葡萄牙有典型的地中海型氣候與獨特的火災範式。問題在於該地區已經經過幾個世紀人類活動的影響。這區域的火災已是人為農業耕作的重要部分了，這導致不同土地使用形式在地景呈現出馬賽克分布。20世紀，這裡的土地大量轉向農業使用並發展大規模的林業種植。在這個容易起火的區域栽種了以松樹和尤加利樹為主的大面積森林。這種種植模式的發展經過1950，1960乃至1970年代，之後取而代之的是區塊式的不同類型農業，由畜牧乃至穀物生產，森林成為一種常態性地景。火災在這些新的大面積森林中成為特殊的問題，因為人們還沒有學會如何對森林採取可持續性管理、降低森林燃料量、並且控制火災燃燒。這使得火災變得無可避免（松樹與尤加利樹都非常易燃），且其高強度與廣泛擴散造成生命的損失。2003年的大火燒掉了10%的森林並造成18個人死亡。2017年6月和10月的火災則導致111個人的死亡。

超級大火

「超級大火」這個名詞是在最近幾年才進入大眾的認知中。野火有不同的類型用以代表其發生頻率、種類與規模，而「超級大火」常用來指稱規模和強度可能比在特定生態系中所預期的更劇烈的火災。當我們討論到火的大小時，我們需要小心定義我們所說的涵義。指的是火災的數量多或少嗎？或者火災燃燒區域的大或小？有很多火災並不必然會造成問題。這些可能僅是把地表累積燃料燒掉的小型地表火，也可能是意外的火災、自然發生的火災、或是為了減低地表累積燃料而人為有計畫引發的火。現在已經有大眾反對使用計畫性燃燒，並支持其他替代性的方法以降低地表燃料。森林適當地疏伐是一個明顯的替代方法，但是疏伐本身也可能帶來問題，疏伐之後形成累積的伐木堆也可能增加地表的燃料負荷。疏伐也會讓森林從鬱閉狀態恢復開闊，由林冠空隙照進來的陽光容許新植物的生長而增加燃料的累積，或提供入侵草類的生長空間。

所以到底為什麼現在會有更多超級大火的報告，什麼導致這樣的大火發生？我們必須了解，火的規模並非是唯一需要關注的問題，火發生在哪裡也很重要。某個地方的一場小火可能比另外一個地方的大火造成更嚴重的後果。由一般的野火轉變成超級大火可以視為三方面的綜合效應：起火的轉變、燃料轉變、以及乾燥的轉變。在美國西部，事實證明，二〇一七年這些轉變異常快速地發生，並持續得更久，結果導致超級大火的數量增加。

雖然美西有很多自然的野火是閃電引燃的，但是數據顯示，有89%的野火是由人類活動引起。這些人為引起的野火燃燒掉一萬九千平方公里的土地，包含一場規模最大的、因天氣更加乾燥而起火點增加、以及當地的燃料狀況而引起的「托瑪斯山大火」。燃料的性質是另一個考慮因素。由前述我們知道，降雨時間的改變促進了包括外來草類在內的精細燃料的累積，加上也許是因為經濟因素以及城市中心的擴大發展而無法降低燃料負荷等原因，這些因素共同造成了可燃性燃料的增加，提升了野火的強度與規模。第三個改變跟乾燥度有關，很多美西區域經歷了更長更熱的乾季，這狀況加上強風，導致了火災風險顯著增加。以上這些因素的結合導致了二〇一七年的「大燃燒」（big burn）。

美國並不是唯一經歷這些狀況的地方。從西伯利亞到阿拉斯加，全世界許多地方在二〇一八到二〇一九年也經歷了各種大型野火。雖然這些大火並非全部都是因為人為造成的氣候改變所引起，但是不管怎麼樣，政府與大眾都需要對此做出因應。很少有政府致力於解決這些問題，或充分探討如何在日漸易燃的環境中永續生存的問題。

我們也許已經藉由防範與抑制火災，成功地減低野火的數量，但是尚未解決因為改變地表燃料的處理（譬如防禦性計畫燃燒）、入侵性野草的散布、以及氣候變遷等綜合因素所導致大型、高強度野火或超級大火增加的趨勢（圖28）。這意味著，我們可能會看到比較少的火災，但是這些火災燃燒的面積愈來愈大。

和預期相反，大火的發生並不會讓未來同地區再次發生火災的機會顯著降低。就像我們先前提到過的，未被前次大火消耗殆盡的枯木在地表植被重生後會加入成為下一次火災的燃料，而新的火災有可能更大。這樣的狀況常在加州發生。

從二〇一七年開始，很多救火員注意到一些野火行為的重大改變。一般認為，野火在夜間的擴散速度會因為溫度降低與濕度上升而變慢。但最近的一些超級大火，急速擴散的時間卻發生在夜間，這種現象還無法被

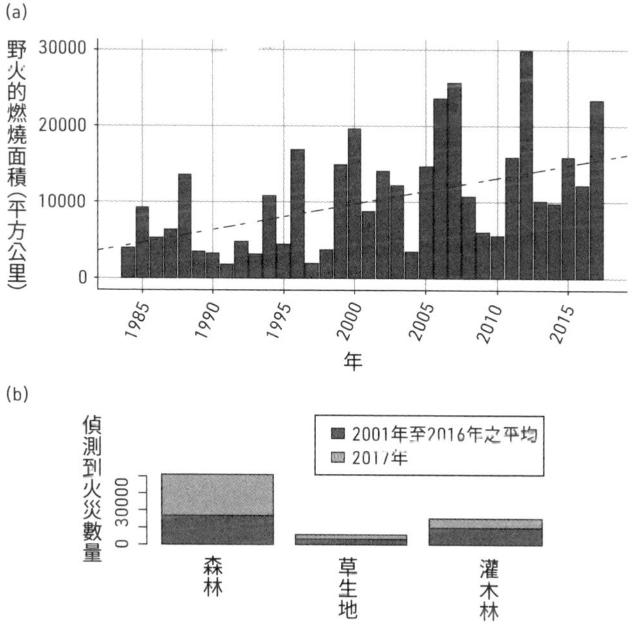

圖28｜超級大火的轉變：加州野火增加燃燒區域面積的趨勢。

充分解釋，但是這可能對我們滅火的努力有重要影響。此外，地表火的擴散極其快速且無法預期，譬如二〇一八年加州的坎普大火（葡萄牙的火災是另一個例子）。這樣的發展不僅對科學社群與救火員是一個重要的挑戰，對於整體大眾來說也是。這種野火行為的改變也發生在二〇一九至二〇二〇年間的澳洲，野火跨越不同植被區擴散，且因為強風而更為猛烈；還有很多小火災合併變成更難以預測與控制的超級大火。尤其大量的火積雲不僅造成強烈的乾燥上升氣流，更會產生閃電而引發新的火災。

變暖的世界，火災的未來

有什麼方法可以幫助我們思考未來氣候變遷下火災的狀況呢？我們應該可以由三個方面來考慮這個問題。第一個應該由實驗來驗證，這些分析火災的出現與行為的觀點是否有助於我們預測未來火災的發生？第二是經由模擬模型的發展，是否可以發展並開發出包含火這個元素的氣候模型？還有我們是否可以使用電腦模擬模型來預測野火在不同區域、對不同植物的衝擊？第三則是實務上的方法，即使我們還不了解或接受不同的模型，有什麼是在面對前所未有而更嚴重的大火時，我們可以採取的因應方法。

火災實驗主要有兩種方法。第一種是實驗室規模進行，這類方法用在調查植物火災與建築物火災。不僅可以評估不同類型的新舊建材的易燃性，也可預期火災擴散的速度。在植被火災方面，可以藉由研究天然燃料在不同狀況以及不同分布組合下，所造成燃燒與擴散的差異。

雖然實驗室中的實驗可以提供有價值的資料，但在真實脈絡中的大規模火災常常帶來更多問題，並且點出不同面向的議題。舉例來說，在建築物火災上，實驗室所提供的經檢驗並通過測試的防火建材，在真實世界遭遇火災時，有時候會有預期之外的問題。在倫敦格蘭菲塔火災的案例中，大火在雨屏外牆的建材蔓延得比預期中更快且更猛烈，這個慘劇促使我們對不同建物包層材料的重新思考與使用[7]。

實驗也可以在大尺度中進行，舉例來說，我們可以觀察被點燃的建築物以了解火災如何擴散以及擴散的速度多快。這些有價值的數據不僅可以幫助建築物設計規範以及建築材料規範的制定，也可以幫助火災後的鑑識調查。我們還需要了解建物火災和地景火與野火擴散方式的不同。在建築物火災中，主要擴散的方向是垂直的，而地景火的方向是水平的。我們對其中一種火災的經驗並不能夠完全轉移到另一種，這意味著兼具兩種火災的滅火訓練是必要的。

野火的情況也是一樣，大規模受控與監測的燃燒可以在許多不同類型的植被與不同條件下進行，包括草地與森林。即使如此，燃燒實驗與真實大火之間還是有很大的差距，但這部分在二〇一七年後有長足進展。一般火災實驗控制在小於一平方公里的小區域進行，但現實上，有些火災行為在規模擴大以後會改變。這些實驗的設定條件也有很多是在非正常狀況下進行，譬如燃料存量、燃料狀況以及天氣等在試驗中都是受限的。假使天

---

7 譯註：經查資料都說是該樓為了省錢使用了不防火的外牆建材，並且未經過任何單位的防火驗證，而非使用實驗室檢驗合格材料，不確知作者敘述的新聞或研究資料來源。

氣太乾燥就不會啟動實驗，因為火可能從控制區蔓延出去。曾發生在施行預防性計畫燃燒時，最終造成災難性的後果。即使在這種受限制的情況下，我們仍然可以經由實驗蒐集到好的數據作為大火研究的參考。

這些火災實驗的數據可以用來創建不同規模的火災模型。在氣候變遷的脈絡下，我們已經發展出因應不同區域、不同氣候變化條件的模擬模型。有些模型使用過去的資料來預測未來的火災，有些則使用火災發生第一原則，加上全球氣候模型以及全球植被模型，以預測在不同的升溫情境下哪些區域會有火災發生。這些研究的結果指出，某些區域火災可能會更嚴重，某些區域可能會減少，但是某些目前對野火沒有豐富經驗的區域，在未來二十到五十年間火災可能增加。我們現在就應該對這種火災的可能性擬定因應計畫，並從現在的火災中記取教訓。有一點很清楚的是，我們需要預料野火的不可預測性，並且擬定計畫以因應最糟糕的狀況，而非僅只是抱持僥倖的希望。我們需要邀集一般大眾、消防員、林務員、土地管理者、保育學者以及政策制定者，一起對氣候變遷與野火的議題進行更多的討論。

預測未來

我們應該對未來的野火持正面或負面的態度？某方面我們應該保有正面的態度，因為我們正在持續增加對火的了解，這使我們可以在作滅火與否的決策時更有依據。但是當某些有力的政治人物很明顯誤解火（或氣候變遷）的時候，這種樂觀也許會被悲觀取代。無論如何，我們的未來也許會因為許多對立的傾向而變得複雜，這些傾向的形成也許只是因爲複雜世界難以理解，而我們卻總是要求以簡單的答案面對複雜的問題。

在某些地區，未來火災反而會減少。全球的火災數量正在減少，因為人類的活動或因極度乾燥而使得地表的燃料量減少。但是這種趨勢有可能快速轉變，譬如亞馬遜雨林的過度燃燒已經對世界敲響警鐘。而相反地，世界上有更多溫暖的區域有更嚴重、更大型的火災，包含了最為容易燃燒的森林，這是另外一個趨勢。

我們可以揭露一個事實：因為在城市與野地交界處的人口成長，未來會有更多人群暴露在火災的威脅之下。然而，雖然人類活動造成的火災增加，但另一方面因為人類教育與科技的進步，意外火災跟傷亡則正在減少。

一個降低大氣二氧化碳的方法是在某些區域種植大範圍的森林。但是這需要仔細考慮，如果錯誤的樹種種在不恰當的區域可能造成更多的問題。關於火災、植物以及氣候的議題，需要進行更多有研究依據的討論。

管理火災的關鍵不僅在於研究與科技的發展，更要強化全世界政策制定者及廣泛大眾對火的了解。

火的問題值得全人類思慮再三，畢竟，沒有了火，我們的命運會如何？

名詞對照表

〈二〇五〇年野火研究觀點〉 'A Vision for Wildfire Research in 2050'
二疊紀 Permian
人族 *hominins*
刀耕火種農業 slash and burn agriculture
凡波斯 fynbos
三疊紀 Triassic
大孢子 megaspore
大氣過程 atmospheric process
大燃燒 big burn
小型木炭碎片 small charcoal fragments
山牧季移 transhumance
山龍眼科 Proteaceae
中生代 Mesozoic
中石器時代 Middle Stone Age
中等解析度影像光譜輻射儀 Moderate Resolution Imaging Spectra-Radiometer
中新世 Miocene
分子鐘技術 molecular clock techniques
分生組織 meristem
反射率 albedo
反聖嬰現象 La Niña
天然修枝 self-prune
巴克夏 Berkshire
巴洛斯，傑克 Jack Barrows
引火物 kindling
文圖拉 Ventura
木本的 arborescent
木炭 charcoal
木賊 horsetails
木質素 lignin
木質部 xylem
火三角 fire triangle
火生態轉變 Pyric Transition
火成地理學 Pyrogeography
火成多樣性 pyrodiversity
火成技術 pyro-technologie
火行為 fire behaviour
火災天氣 fire weather
火災－休耕循環 fire-fallow cycle
火災系統 fire system

火災返回間隔 fire return intervals, FRI
火災後侵蝕 post-fire erosion
火災特性 fire trait
火災發生第一原則 first principle of fire occurrence
火災飼草畜牧業 fire-forage pastoralism
火災範式 fire regime
火炕暖氣系統 hypocaust system
火炬文化 fire-stick culture
火疤 fire scar
火風暴 fire-storm
火焰前緣 flame front
火焰噴射器 flame-throwers
火焰燃燒 flaming combustion
火源周界 fire perimeter
火資訊資源管理系統 Fire Information for Resource Management System, FIRMS
火線強度 fire-line intensity
火鋒 fire front
火輻射能量預估 Fire Radiative Energy estimations
火龍捲 fire tornadoes
火環境三角 fire environment triangle
世界自然基金會 World Wildlife Fund
〈世界植物現況〉'State of the World's Plants'
加里曼丹 Kalimantan
加拿大森林服務署 Canadian Forest Service
北美短葉松 jack pine
北寒林 boreal forests
古典時期 classical world
可見光遙測 optical remote sensing
尼爾森大火 Nelson Fire, South Island
巨人柱仙人掌 *Saguaro cactus-Carnegiea gigantea*
巨杉國家公園 Sequoia National Park
布洛斯，傑克 Jack Burrows
本內蘇鐵目 Bennettitales
瓦倫西亞大學 University of Valencia
生石灰 quicklime
生物群落 biomes
生態系統進程 ecosystem process
生態適應 ecological adaptation
用火智慧 firewise
田地輪耕 field rotation
白堊紀 Cretaceous
石炭紀 Carboniferous
石楠灌叢 heatherland
石腦油 naphtha
禾草 Grasses
先進極高解析度輻射儀 Advanced Very High Resolution Radiometer, AVHRR
光達 Light Detection and Ranging, LIDAR
全民抗火 the All Against Fire (Todos Contra el Fuego)

全球定位系統 Global Positioning Systems, GPS
全新世 Holocene
再萌蘗 re-sprouting
回火 back fire
地面火 ground fire
地表火 surface fire
地表野火 surface wildfire
地表燃料 surface fuels
地面火炬 terra-torch
地面流 overland flow
地面燃料 ground fuels
地景火災 Landscape fires
《地獄》*Inferno*
多環芳香烴 polycyclic aromatic hydrocarbons, PAHs
年代輪廓 age profile
托馬斯山大火 Thomas Fire
次級生長 secondary growth
羽狀火 Flame plume
考文垂 Coventry
低火 Low fire
克羅索恩村 Crownthorne
君士坦丁堡 Constantinople
坎普大火 Camp Fire
希克蘇魯伯隕石坑 Chicxulub crater
希斯洛 Heathrow
希臘火 Greek Fire
形成層 cambium
志留紀時期 Silurian Period
扭葉松 lodgepole pine
旱雀麥 *Bromus tectorum*
李約瑟 Joseph Needham
杜拜火炬塔火災 Torch Tower Fire, Dubai
谷歌地球 Google Earth
邦斯菲爾德油庫火災 Buncefield oil storage fire
邦德，威廉 Willian Bond
防火線 fire-break
亞伯達省 Alberta
亞利桑那大學 University of Arizona
亞奈爾山火 Yarnell Hill Fire
亞述人 Assyrians
亞琪柏德，莎莉 Sally Archibald
亞歷山大，馬蒂 Marty Alexander
佩皮斯，賽繆爾 Samuel Pepys
佩姬，蘇珊 Susan Page
侏羅紀 Jurassic
初級生長 primary growth
固定軌道 fixed orbit
奇切利宣言 Chicheley Declaration
奇利，喬 Jon Keeley
始新世 Eocene
孢子體 sporophyte
孢粉玻片 palynological slides
帕烏薩斯，胡里 Juli Pausas
延遲裂果 serotiny
拉瓦謝，安東萬 Antoine Lavoisier
拉斯康薩斯大火 Los Conchas Fire

旺德維克 Wonderwerk
易火生態系 fire-prone ecosystem
林分替代性林火 stand-replacing fire
果勒特，約翰 John Gowlett
法拉第，麥可 Michael Faraday
泥盆紀 Devonian
直升機火炬 heli-torch
舍勒，卡爾・威廉 Carl Wilhelm Scheele
虎克，羅伯特 Robert Hooke
近實時火熱點資訊 near real-time fire information
邱園／英國皇家植物園 the Royal Botanical Gardens in Kew
金萊克 Kinglake
阿提卡 Attica
阿提卡火災 Attica fires
南衛理公會大學 Southern Methodist University
建築物火災 building fire
政府間氣候變化專門委員會 the Intergovernmental Panel on Climate Change, IPCC
派恩，史帝芬 Stephen J. Pyne
皇家委員會 Royal Commission
相對濕度 relative humidity
科羅拉多大學波德分校 University of Colorado at Boulder
英吉利海峽隧道 Channel Tunnel
英格蘭遺產委員會 English Heritage
英國消防與救援服務 British Fire and Rescue Service, FRS
飛火 spot fire
食草動物 grazers
食嫩植動物 browsers
倫敦大火 The Great Fire of London
庫氏裸蕨 *Cooksonia*
朗厄姆，理查德 Richard Wrangham
格蘭菲塔火災 Grenfell Tower Block Fire
氣孔 stomata
海珊，薩達姆 Saddam Hussein
海神花屬 *Protea*
海曼大火 Hayman Fire
烈性炸藥 high explosives
草火循環 grass-fire cycle
荊豆 *Ulex europaeus*
配子體 gametophytes
高火 high fire
勒瓦婁哇尖狀器 Levallois point
強生，費 Fay Johnson
晚古生代 Paleozoic Era
毬果 cone
淨初級生產力 net primary productivity
深時 deep time
第四紀 Quaternary
被子植物 angiosperms
野地與城市的交界 wildland-urban interface, WUI
陸地衛星 Landsat

陸域衛星 Terra satellite
麥克默里堡大火 Fort McMurray Fire
悶燒 smouldering combustion
斑塊式燃燒 patch burning
斯克波爾火災 Skirball Fire
斯威特南，湯姆 Tom Swetnam
斯溫利 Swinley
斯溫利森林大火 Swinley Forest Fire
普利斯特里，約瑟夫 Joseph Priestley
普雷斯科特市 City of Prescott
智人 *Homo sapiens*
棕櫚酸 palmitic acid
植食動物 herbivore
硝石 saltpetre
硝酸鉀 potassium nitrate
硝酸銨 ammonium nitrate
硬葉常綠灌木叢 chaparral brushfields
稀樹莽原 savanna grassland
策略燒除 prescribed burning
萊斯特大學 University of Leicester
超級大火 megafires
鄉村－城市交界 rural–urban interface
階梯或橋樑燃料 ladder or bridge fuels
韌皮部 phloem
須姜草 *Andropogon gayanus*
黃色炸藥 dynamite
黑色星期六大火 Black Saturday fire
黑鳶 Black Kite
塔斯馬尼亞大學 University of Tasmania
塞拉多 Cerrado
《微物圖誌》*Micrographia*
微型和中型木炭 micro- and mesocharcoal
新生代 Cenozoic Era
極軌道 polar orbi
溫帶森林 temperate forests
滅火拍 fire beater
煙羽 smoke plume
煙燻小熊 Smokey Bear
煤 coal
聖塔芭芭拉 Santa Barbara
聖塔莫尼卡 Santa Monica
聖嬰南方振盪 El Niño Southern Oscillation，ENSO
聖嬰現象 El Niño
落葉層 litter layer
落葉燃料 litter fuels
賈里亞 Jharia
雷恩爵士，克里斯多福 Sir Christopher Wren
預熱 pre-heating
預燃 pre-ignition combustion
馴化 domestication
厭火的 pyrophobic
對流羽流 convection plume
滴灌火炬 drip torch
漢普 Hampshire
管胞 tracheids
維管束陸生植物 vascular land plant

嘯栗鳶 Whistling Kite
增稠劑 thickening agent
德勒斯登 Dresden
歐洲太空署 European Space Agency
歐洲隧道班車 Eurotunnel shuttle
熟成或煤化作用 maturation or coalification
熱紅外線數據 thermal infrared data
熱帶雨林 tropical rainforest
耦合 coupling
膠凝劑 gelling agent
衛斯德靈，勒羅伊 LeRoy Westerling
褐隼 Brown Falcon
輪耕 Swidden
鋁鹽 aluminium salt
魯斯，克里斯 Chris Roos
凝固汽油彈 napalm
樹冠火 crown fire
樹冠燃料 crown fuels
熾熱燃燒 glowing combustion
燃料負荷 fuel loads
燃燒區預警反應 Burned Area Emergency Response, BAER
燃燒彈 incendiary bombs
燃點 ignition point
興登堡飛船 Hindenburg airship
親火的 pyrophylic
輻射強迫 radiative forcing
鮑曼，大衛 David Bowman
鮑爾奇，珍妮佛 Jennifer Balch
環火，北加州 Rim Fire, Northern California
環烷酸 naphthenic acid
環境衛星 Environmental Satellite, ENVISAT
賽維魯斯，塞提米烏斯 Septimus Severus
舊石器時代晚期 Late Paleolithic
薩里郡 Surrey
薩德沃斯沼澤區 Saddleworth Moor
雙足步態 bipedal gait
爆炸性砲彈 exploding shells
龐貝城 Pompeii
《蠟燭的化學史》*The Chemical History of a Candle*
顫楊 quaking aspen

參考資料

Balch, J. K., Bradley, B. A., D'Antonio, C. M., and Gomez-Dans, J. 2013. "Introduced annual grass increases regional fire activity across the arid western USA (1980-2009)". *Global Change Biology* 19, 173-83.

Balch, J. K., Schoennagel, T., Williams, A. P., Abatzoglou, J. T., Cattau, M. E., Nathan, P., Mietkiewicz, N. P. I., and St. Denis, L. A. 2018. "Switching on the Big Burn of 2017 ". *Fire* 1, 17; doi:10.3390/ fire1010017.

Belcher, C. M. (ed.) 2013. *Fire Phenomena in the Earth System-An Interdisciplinary Approach to Fire Science*. J. Wiley and Sons, New York.

Bond, W. J. 2016. "Ancient grasslands at risk ". *Science* 351 (6269), 120-2.

Bond, W. J. and Keeley, J. E. 2005. "Fire as global 'herbivore': the ecology and evolution of flammable ecosystems ". *Trends in Ecology and Evolution* 20, 387-94.

Bonta, M., Gosford, R., Eussen, D., Ferguson, N., Loveless, E., and Witwer, M. 2017. "Intentional fire-spreading by 'firehawk' raptors in Northern Australia ". *Journal of Ethnobotany* 37, 700-18.

Bowman, D. J. M. S., Balch, J. K., Artaxo, P., Bond, W. J., Carlson, J. M., Cochrane, M. A., D'Antonio, C. M., DeFries, R. S., Doyle, J. C., Harrison, S. P., Johnston, F. H., Keeley, J. E., Krawchuk, M. A., Kull, C. A., Marston,

J. B., Moritz, M. A., Prentice, I. C., Roos, C. I., Scott, A. C., Swetnam, T. W., van der Werf, G. R., and Pyne, S. J. 2009. "Fire in the Earth System ". *Science* 324, 481-4.

Bowman, D. J. M. S., Balch, J., Artaxo, P., Bond, W. J., Cochrane, M. A., D'Antonio, C. M., DeFries, R., Johnston, F. H., Keeley, J. E., Krawchuk, M. A., Kull, C. A., Mack, M., Moritz, M. A., Pyne, S. J., Roos, C. I., Scott, A. C., Sodhi, N. S., and Swetnam, T. W. 2011. "The human dimension of fire regimes on Earth ". *Journal of Biogeography* 38, 2223-36.

Cerdà, A. and Robichaud, P. (eds). 2009. Fire *Effects on Soils and Restoration Strategies*. Science Publishers Inc. Enfield, NH.

Cheney, P. and Sullivan, A. 2008. *Grassfires: Fuel, Weather and Fire Behaviour*. CSIRO, Melbourne.

Clark, J. S. et al. 1991. "Sediment records of biomass burning and global change ", pp. 347-65. *NATO ASI Series I*, Vol. 51. Springer-Verlag.

Cochrane, M. A. (ed.) 2009. *Tropical Fire Ecology: Climate Change, Land Use and Ecosystem Dynamics*, pp. 24-62. Springer, Berlin.

Cohen, J. 2008. "The wildland-urban interface fire problem: a consequence of the fire exclusion paradigm". *Forest History Today* Fall issue, 20-6.

Davis, K. P. (ed.) 1959. *Forest Fire: Control and Use*. McGraw-Hill, New York.

Flannigan, M. D., Stocks, B. J., and Wotton, B. M. 2000. "Climate change and forest fires". *The Science of the Total Environment* 262, 221-9.

Forestry Commission 2014. *Building Wildfire Resilience into Forest Management Planning*. Forestry Commission Practice Guide Forestry Commission, Edinburgh. <https://www.forestresearch. gov.uk/research/building-wildfire-resilience-into-forest-management-planning/>.

Graham, R. T. (ed.) 2003. *Hayman Fire Case Study*. Gen. Tech. Rep. RMRS-

GTR-114. Ogden, Ut.: US Department of Agriculture, Forest Service, Rocky Mountain Research Station. 396 pp.

He, T., Lamont, B. B., and Downes, K. S. 2011. "*Banksia* born to burn". *New Phytologist* 191, 184-96.

He, T., Pausas, J. G., Belcher, C. M., Schwilk, D. W., and Lamont, B. B. 2012. "Fire-adapted traits of *Pinus* arose in the fiery Cretaceous". *New Phytologist* 194, 751-9.

Johnson, B. 1984. *The Great Fire of Borneo: Report of a Visit to Kalimantan-Timur a Year Later, May 1984*. World Wildlife Fund, Godalming, 24 pp.

Johnston, F. H., Henderson, S. B., Chen, Y., Randerson, J. T., Marlier, M., DeFries, R. S., Kinney, P., Bowman, D. M. S., and Brauer, M. 2012. "Estimated global mortality attributable to smoke from landscape fires". *Environmental Health Perspectives* 120, 695-701.

Keeley, J. E., Bond, W. J., Bradstock, R. A., Pausas, J. G., and Rundel, P. W. 2012. *Fire in Mediterranean Climate Ecosystems: Ecology, Evolution and Management*. Cambridge University Press, Cambridge.

Krawchuk, M. A., Moritz, M. A., Parisien, M.-A., Van Dorn, J., and Hayhoe, K. 2009. "Global pyrogeography: the current and future distribution of wildfire". *PloS One* 4(4), e5102.

McParland, L. C., Collinson, M. E., Scott, A. C., and Campbell, G. 2009a. "The use of reflectance for the interpretation of natural and anthropogenic charcoal assemblages". *Archaeological and Anthropological Sciences* 1, 249-61.

McParland, L. C., Hazell, Z., Campbell, G., Collinson, M. E., and Scott, A. C. 2009b. "How the Romans got themselves into hot water: temperatures and fuel types of a Roman hypocaust fire". *Environmental Archaeology*

14, 172-9.

Marlon, J. R., Bartlein, P. J., Walsh, M. K., Harrison, S. P., Brown, K. J., Edwards, M. E., Higuera, P. E., Power, M. J., Anderson, R. S., Briles, C., Brunelle, A., Carcaillet, C., Daniels, M., Hu, F. S., Lavoie, M., Long, C., Minckley, T., Richard, P. J. H., Scott, A. C., Shafer, D. S., Tinner, W., Umbanhowar, C. E.. Jr., and Whitlock, C. 2009. "Wildfire responses to abrupt climate change in North America". *Proceedings of the National Academy of Sciences*, USA 106, 2519-24.

Mooney, H. A., Bonnicksen, T. H., Christensen, N. L., Lotan, J. E., and Reiners, W. A. (eds). 1981. "Fire regimes and ecosystem properties", pp. 401-20. USDA For. Serv. Gen. Tech. Rep., WO-26.

Nature Geoscience special issue set of papers 2019: <https://www.nature.com/collections/jchbhhagcb>.

Pausas, J. G. 2015. "Alternative fire-driven vegetation states". *Journal of Vegetation Science* 26, 4-6.

Pausas, J. G. 2019. "Generalized fire response strategies in plants and animals". *Oikos* 128, 147-53, 2019 doi: 10.1111/oik.05907.

Pausas, J. G. and Parr, C. L. 2018. "Towards an understanding of the evolutionary role of fire in animals". *Evol. Ecol.* 32, 113-25. <https://doi.org/10.1007/s10682-018-9927-6>.

Pausas, J. G. and Keeley, J. E. 2009. "A burning story: the role of fire in the history of life". *Bioscience* 59, 593–601.

Pausas, J. G. and Keeley, J. E. 2014. "Abrupt climate-independent fire regime changes". *Ecosystems* 17, 1109-20 doi: 10.1007/s10021- 014-9773-5.

Pierce, J. L., Meyer, G. A., and Jull, A. J. T. 2004. "Fire-induced erosion and millennial-scale climate change in northern ponderosa pine forests". *Nature* 432, 87-90.

Pyne, S. J., Andrews, P. L., and Laven, R. D. 1996. *Introduction to Wildland Fire*. J. Wiley and Sons, New York.

Scott, A. C. and Damblon, F. (eds) 2010. "Charcoal and its use in palaeoenvironmental analysis". *Palaeogeography, Palaeoclimatology, Palaeoecology* 291, 1-165.

Scott, A. C., Moore, J., and Brayshay, B. (eds) 2000. "Fire and the palaeoenvironment". *Palaeogeography, Palaeoclimatology, Palaeoecology* 164, 1–412.

Smith, A. M. S., Kolden, C. A., and Bowman, D. J. M. S. 2018. "Biomimicry can help humans to coexist sustainably with fire". *Nature Ecology & Evolution* 2, 1827-9.

Sugihara, N. G., Van Wagtendonk, J. W., Shaffer, K. E., Fites, Kaufman, J., and Thode, A. E. (eds) 2018. *Fire in California's Ecosystems*. 2nd edition. 568 pp. University of California Press, Berkeley.

延伸閱讀

Alexander, M. E., Mutch, R. W., Davis, K. M., Bucks, C. M. 2017. "Wildland fires: dangers and survival". pp. 276-318 in P. S. Auerbach, ed., *Auerbach's Wilderness Medicine*, Volume 1. 7th edition. Elsevier, Philadelphia.

Billings Gazette. 1995. *Yellowstone on Fire*. Revised edition. Billings, Montana. 128 pp.

Burton, F. D. 2009. *Fire: The Spark that Ignited Human Evolution*. University of New Mexico Press, Albuquerque. 231 pp.

Castellnou, M., Alfaro, L., Miralles, M., et al. 2019. "Learning to fight a new kind of fire". *Wildfire Magazine* 28 (4), 26-34.

Connors, P. 2011. *Fire Season: Field Notes from a Wilderness Lookout*. McMillan, Basingstoke. 246 pp.

Cottrell, W. H., Jr 2004. *The Book of Fire*. 2nd edition. Mountain Press, Missoula, Mont. 74 pp.

Drysdale, D. 2011. *An Introduction to Fire Dynamics*. 3rd edition. Wiley, Chichester. 551 pp.

Hansen, C. and Griffiths, T. 2009. *Living with Fire: People, Nature and History in Streels Creek*. CSIRO Publishing, Collingwood, Victoria. 190 pp

Hawley, J., Hurley, G., and Sackett, S. 2017. *Into the Fire: The Fight to Save*

Fort McMurray. McClelland & Stewart, Toronto. 160 pp.

Johnson, B. 1984. *The Great Fire of Borneo: Report of a Visit to Kalimantan-Timur a Year Later, May 1984*. World Wildlife Fund, Godalming. 24 pp.

Kennedy, R. G. 2006. *Wildfire and Americans*. Hill and Wang, New York. 332 pp.

Kodas, M. 2017. *Megafire: The Race to Extinguish a Deadly Epidemic of Flame*. Houghton Mifflin Harcourt, New York. 395 pp.

Parliamentary Office of Science and Technology 2019. POST note 603. Climate change and UK wildfire. <https://researchbriefings. parliament.uk/ResearchBriefing/Summary/POST-PN-0603>.

Pereira, J. S., Pereira, J. M. C., Rego, F. C., Silva, J. N., and Silva, T. P. (eds) 2006. *Incêndios Florestais em Portugal*. ISA Press, Lisbon.

Pyne, S. J. 1997. *Vestal Fire: An Environmental History, Told through Fire, of Europe and of Europe's Encounter with the World*. University of Washington Press, Washington.

Pyne, S. J. 2001. *Year of the Fires: The Story of the Great Fires of 2010*. Penguin Books, New York. 322 pp.

Pyne, S. J. 2012. *Fire: Nature and Culture*. Reaktion Books, London.

Pyne, S. J. 2019. *Fire: A Brief History*. 2nd edition. University of Washington Press, Washington. 216 pp.

Quintiere, J. G. 1998. *Principles of Fire Behavior*. Delmar Publishers, Albany, NY. 258 pp.

Quintiere, J. G. 2006. *Fundamentals of Fire Phenomena*. J. Wiley, Chichester. 439 pp.

Rossotti, H. 1993. *Fire: Technology, Symbolism, Ecology, Science, Hazard*. Oxford University Press, Oxford. 288 pp.

Scott, A. C. 2018. *Burning Planet. The Story of Fire through Time*. Oxford University Press. 224 pp.

Scott, A. C., Bowman, D. J. M. S., Bond, W. J., Pyne, S. J., and Alexander, M. E. 2014. *Fire on Earth: An Introduction*. J. Wiley and Sons., New York. 413 pp.

Scott, A. C., Chaloner, W. G., Belcher, C. M., and Roos, C. I. (eds) 2016. "The interaction of fire and mankind." *Phil. Trans. R. Soc. B*. 371(1696), 252 pp.

Thomas, P. A. and McAlpine, R. S. 2010. *Fire in the Forest*. Cambridge University Press, Cambridge. 225 pp.

Wallace, L. L. (ed.) 2004. *After the Fires: The Ecology of Change in Yellowstone National Park*. Yale University Press, New Haven. 390 pp.

Wrangham, R. 2009. *Catching Fire: How Cooking Made us Human*. Profile Books, London. 309 pp.

左岸科學人文　396

火 牛津非常短講015

Fire A Very Short Introduction

作　　者　安德魯．史考特（Andrew C. Scott）
譯　　者　吳宛勳、蘇彥肇
審　　定　楊仕音、蘇彥肇
總 編 輯　黃秀如
責任編輯　林巧玲
特約編輯　劉佳奇
行銷企劃　蔡竣宇
封面設計　日央設計

出　　版　左岸文化／左岸文化事業有限公司
發　　行　遠足文化事業股份有限公司（讀書共和國出版集團）
231新北市新店區民權路108-2號9樓
電　　話　（02）2218-1417
傳　　真　（02）2218-8057
客服專線　0800-221-029
E-Mail　rivegauche2002@gmail.com
左岸臉書　facebook.com/RiveGauchePublishingHouse
法律顧問　華洋法律事務所　蘇文生律師
印　　刷　呈靖彩藝有限公司
初版一刷　2025年6月

定　　價　400元
ISBN　978-626-7462-60-7（平裝）
978-626-7462-61-4（EPUB）

火：牛津非常短講. 15／
安德魯．史考特（Andrew C. Scott）著；吳宛勳、蘇彥肇譯.
－初版.－新北市：左岸文化：遠足文化事業股份有限公司發行，2025.06
面；　公分.（左岸歷史；396）
譯自：Fire : a very short introduction
ISBN　978-626-7462-60-7（平裝）
1.CST: 火災　2.CST: 火　3.CST: 生態學
367.28　　　　　　　　　　114005500